Escuela de Arquitectura. Sección de Guadalajara.

Apuntes de Estructuras II

Asignatura: Estructuras II

Javier Rodríguez Val

Grado en Ciencia y Tecnología de la Edificación

ÍNDICE

---

1. **SOLICITACIONES, TENSIONES Y DEFORMACIONES**

1.1. TIPOS DE ESTRUCTURAS Y SU DISCRETIZACIÓN

La aparición primero del hierro y después del hormigón armado en la ingeniería civil y luego en la construcción arquitectónica, introdujo una variación fundamental en el concepto de estabilidad, a causa de la posibilidad de tener estructuras con una importante interacción entre sus elementos.

Las estructuras de hormigón armado son adaptables a muchas formas, dada la versatilidad del material. Pero esto no es suficiente: las especiales características mecánicas del hormigón armado deben reducir su empleo en las estructuras a aquellas tipologías en que se pueda obtener el máximo rendimiento del material.

Es evidente que conviene establecer unos límites de utilización del hormigón armado, fuera de los cuales no se deben utilizar estos materiales, ya que se estarían superando o desperdiciando sus posibilidades mecánicas y formales y donde sería más conveniente emplear otras tecnologías.

Una aproximación a la clasificación de los tipos de estructuras se puede efectuar en función del tipo de elementos que las componen. Así tendremos:

1. Estructuras a base de elementos lineales:

    -   con elementos rectos (pórticos planos y espaciales);

    -   con triangulaciones (cerchas planas y espaciales);

    -   con elementos curvos (arcos y vigas curvas).

2. Estructuras a base de elementos superficiales:

    -   con elementos superficiales verticales (muros de contención, muros de sótano, pantallas);

    -   con elementos planos horizontales (forjados y losas);

    -   con elementos planos compuestos (plegaduras);

    -   con elementos curvos (bóvedas, cúpulas, láminas).

3. Estructuras a base de elementos macizos: cimentaciones directas y presas.

En cuanto a los elementos estructurales, se puede establecer la siguiente clasificación:

LINEALES	Rectos	Comprimidos	Pilares
		Flectados	Vigas
			Zunchos
		Traccionados	Tirantes
	Quebrados	Vigas zancas	
	Curvos	Arcos y vigas curvas	
SUPERFICIALES	Planos	Horizontales	Losas
			Forjados
			Soleras
		Inclinados	Placas
		Verticales	Muros
			Vigas pared
	Quebrados	Losas plegadas	
		Losas zancas	
	Curvos	Bóvedas	
		Cúpulas	
		Paraboloides	
MACIZOS	Zapatas de cimentación		

1.2. FASES EN EL CÁLCULO DE UNA ESTRUCTURA

El cálculo de una estructura se compone normalmente de las siguientes etapas:

a) Establecimiento del esquema estructural, simplificando la estructura real en cuanto a dimensiones, geometría, condiciones de apoyos, etc.

b) Consideración de acciones: todas aquellas acciones físicas o químicas que puedan afectar a la estructura.

c) Determinación de las hipótesis de carga y combinaciones de las acciones que soporta la estructura

d) Cálculo de esfuerzos, que puede efectuarse por dos procedimientos: suponiendo un comportamiento elástico de la estructura con proporcionalidad entre acciones y deformaciones, o considerando el comportamiento no lineal de los materiales a partir de ciertos valores de la tensión.

e) Cálculo de secciones (comprobación o dimensionamiento), etapa que ha experimentado últimamente modificaciones importantes en el caso del hormigón armado.

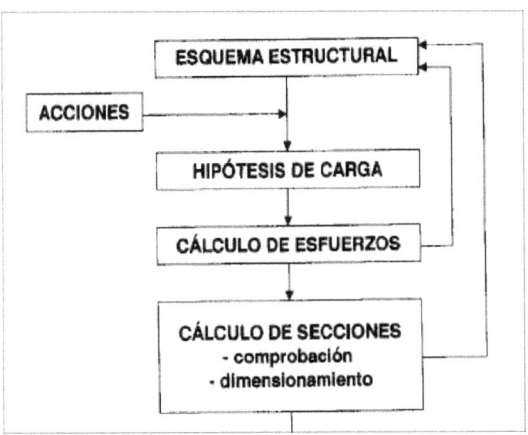

Los métodos de cálculo de estructuras de hormigón armado pueden clasificarse según dos grupos:

i) Métodos **clásicos de cálculo**, en los que el procedimiento es el siguiente:

   o se determinan las solicitaciones correspondientes a las cargas máximas de servicio,

- o se calculan las tensiones de trabajo correspondientes a dichas solicitaciones
- o se comparan sus valores con una fracción de la resistencia de los materiales (tensión admisible).

Estos métodos se denominan **deterministas**, ya que se consideran fijos los valores numéricos que sirven de partida para el cálculo.

ii) Métodos de cálculo en rotura, donde el procedimiento es:

- o determinar las solicitaciones correspondientes a las cargas mayoradas.
- o comparar sus valores con las solicitaciones últimas, es decir aquellas que agotarían la pieza si los materiales tuviesen las resistencias minoradas.

Estos métodos se denominan probabilistas al considerarse aleatorias las magnitudes que sirven de partida para el cálculo, por lo que se admite que los valores con que se opera tienen una determinada probabilidad de ser o no alcanzados en la realidad.

Los criterios elásticos que se establecen en los métodos clásicos para el hormigón armado presentan una serie de **limitaciones**, la más destacada de las cuales es la siguiente:

- las hipótesis elásticas sólo son válidas hasta cierta fase del proceso de carga, ya que el **diagrama de tensiones y deformaciones** en realidad no es rectilíneo más que hasta un 35 ó 40% de la tensión de rotura del hormigón.

Como conclusión podemos decir que los métodos clásicos de cálculo:

- suelen conducir a un **desaprovechamiento de los materiales** al no tener en cuenta su posible adaptación plástica para resistir mayores solicitaciones,

- no proporcionan información de la capacidad que tiene la estructura para recibir **más carga**, ya que se queda estrictamente en el estudio bajo cargas de servicio.

1.3. SOLICITACIONES. LA COMPRESIÓN

En una solicitación de compresión simple hemos visto que la tensión σ es directamente proporcional al valor **N** de la carga e inversamente proporcional al área **A** de la sección considerada: $\boxed{\sigma = \dfrac{N}{A}}$

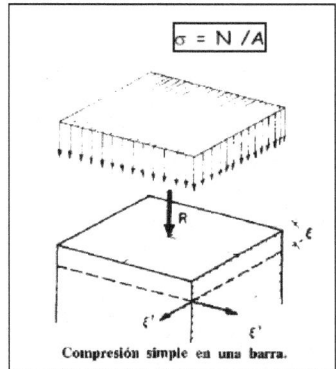

Compresión simple en una barra.

Las deformaciones unitarias ε también son iguales en todas las fibras de la sección.

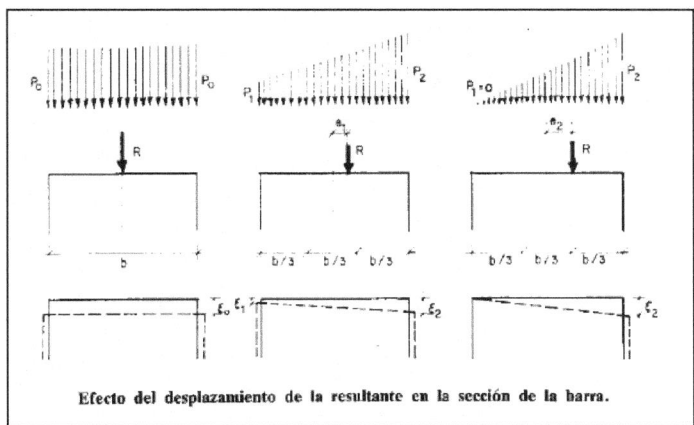

Efecto del desplazamiento de la resultante en la sección de la barra.

A medida que el punto de aplicación de la carga se desplaza del centro de la sección, las tensiones varían en la superficie de la misma, al igual que las correspondientes deformaciones unitarias. El caso extremo se tiene cuando el punto de aplicación de la carga está situado en el límite del tercio central de la sección. En este caso la tensión máxima será el doble de la media y la mínima será nula.

1.4. TENSIONES Y DEFORMACIONES. EL ESFUERZO AXIL.

Siendo **N** la fuerza aplicada sobre una pieza prismática, **A=b** x **h** el área de su sección transversal, **L** su longitud y **ΔL** el alargamiento experimentado, podemos comprobar dos hechos debidos a la Ley de Hooke:

- La tensión es proporcional a la fuerza **N** y disminuye a medida que aumenta la sección **A**.

- La deformación unitaria es la proporción entre la variación de la longitud **ΔL** y la longitud inicial **L**.

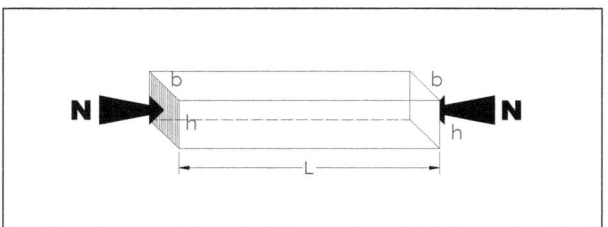

Entonces se trazan sobre dos ejes cartesianos las relaciones:

$$\sigma = \frac{N}{A} \qquad\qquad \varepsilon = \frac{\Delta L}{L}$$

y se construye el diagrama de tensiones y deformaciones, con las tensiones σ sobre el eje de ordenadas y las deformaciones unitarias ε sobre el eje de abscisas.

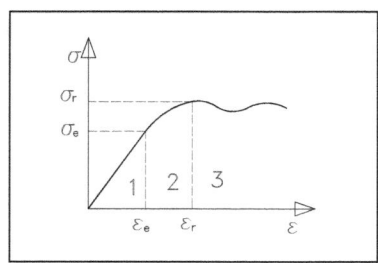

En este diagrama se distinguen tres zonas que se derivan del comportamiento del material en función de las fuerzas aplicadas:

- la fase elástica, en la que la deformación del material aumenta en correspondencia con el aumento de la tensión;

- la fase plástica, donde la relación entre deformaciones y tensiones no sigue una proporcionalidad directa;

- la fase de rotura, en la que puede continuar deformándose el material incluso tras una disminución de la fuerza aplicada.

La relación entre los valores de σ y ε, constante en el tramo recto inicial correspondiente a la fase elástica, nos da el <u>módulo elástico **E**</u> del material, que se suele expresar en Kg/cm^2 o en N/mm^2.

Esta característica, específica de cada material, es fácilmente medible en fase elástica, ya que representa un valor constante (el valor de la tangente trigonométrica del ángulo que forma en cada punto la curva del diagrama con el eje horizontal.

La ley de Hooke permite determinar de forma práctica la deformación longitudinal que experimenta un sólido elástico, isótropo y homogéneo bajo la acción de una fuerza externa, o bien determinar la fuerza a aplicar para que un sólido se alargue o acorte una determinada dimensión.

En efecto, en la fase elástica, la deformación longitudinal de un sólido es directamente proporcional a la fuerza **N** que lo solicita e inversamente proporcional al área **A** de su sección transversal y al módulo elástico **E** del material:

$$\Delta L = \frac{N\,L}{E\,A} \quad \text{de donde}: \ N = \frac{E\,A\,\Delta L}{L}$$

Para una longitud unitaria **L=1** se obtiene el valor de la deformación relativa ε y de la fuerza que la genera:

$$\varepsilon = \frac{N}{E\,A} \quad \text{de donde}: \ N = \varepsilon\,E\,A$$

<u>CONCLUSIÓN:</u>

- Las tensiones dependen del área **A** de la sección resistente.
- Las deformaciones dependen del módulo elástico **E** del material.

Las causas de la deformación de un entramado estructural pueden ser de tipo mecánico (cargas, desplazamientos), debidas a la acción de determinados dispositivos usados en la construcción (tensores), o de tipo térmico (variaciones de temperatura). En el caso de las variaciones de temperatura la deformación se determina mediante la fórmula:

$$\Delta L = \alpha\,L\,\Delta t$$

Donde α es el coeficiente de dilatación lineal del material

Δt es la diferencia entre las temperaturas final e inicial.

1.5. DIFERENCIA CUALITATIVA ENTRE TRACCIÓN Y COMPRESIÓN.

La tracción y la compresión son las solicitaciones más sencillas, puesto que en ellas coinciden su dirección con la directriz del elemento estructural.

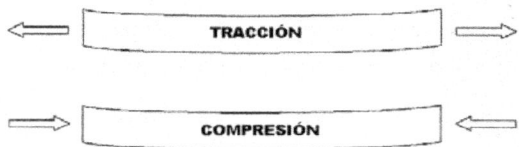

Existe sin embargo una diferencia cualitativa entre estas dos solicitaciones: la tracción es una acción equilibrante y la compresión es desequilibrante, lo que se traduce en un aumento de la cantidad de estructura necesaria.

Si a una barra traccionada se le aplica una deformación por medio de una flexión, los momentos resultantes de la no alineación de las secciones con la trayectoria de las acciones tenderán a reducir la curvatura de la barra, con lo que disminuirán los momentos.

Si hacemos lo mismo con la barra comprimida, los momentos resultantes de la excentricidad tenderán a aumentar la curvatura y por lo tanto a agravar el problema.

Esta diferencia explica que un alambre no soporte compresiones, pese a que las resistencias del material a tracción y a compresión sean idénticas.

El análisis de primer orden, en el que suponemos inalterada la geometría de la pieza durante el proceso de carga, no detecta los posibles problemas de inestabilidad. Más adelante veremos los efectos de segundo orden en una pieza comprimida.

El pandeo es un fallo por inestabilidad: no es una solicitación sino la ruina causada por acciones que estarían dentro de las admisibles teóricamente por el material. Un análisis de segundo orden permitirá determinar puntos con tensiones que sí pueden sobrepasar los valores admisibles.

1.6.   SOLICITACIONES. LA FLEXIÓN.

En una solicitación de flexión simple las tensiones de compresión y tracción que provoca el momento flector **M** en los puntos más alejados del baricentro tendrán el valor:

$$\sigma = \pm \frac{M \cdot h}{2 \cdot I}$$

Para el caso de la sección rectangular (momento de inercia $I = b \cdot h^3 / 12$), las tensiones de compresión y tracción en dichos puntos serán:

$$\sigma = \pm \frac{6 \cdot M}{b \cdot h^2}$$

y, siendo $W = I/(h/2)$ el momento resistente de la sección, obtendremos la segunda de las condiciones de estabilidad:

$$\boxed{\sigma = \pm \frac{M}{W}}$$

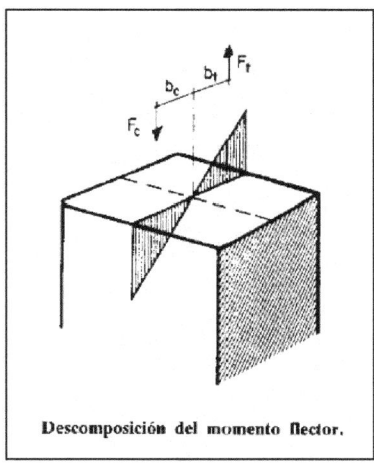

Descomposición del momento flector.

Las dos relaciones fundamentales son, tal y como ya hemos visto:

$$\boxed{\sigma = \frac{N}{A}} \quad \text{y} \quad \boxed{\sigma = \pm \frac{M}{W}}$$

en las que la primera representa la estabilidad a la compresión y tracción y la segunda la estabilidad a la flexión.

Ambas ecuaciones se pueden combinar por superposición de efectos, en cuyo caso tendremos una solicitación de flexión compuesta.

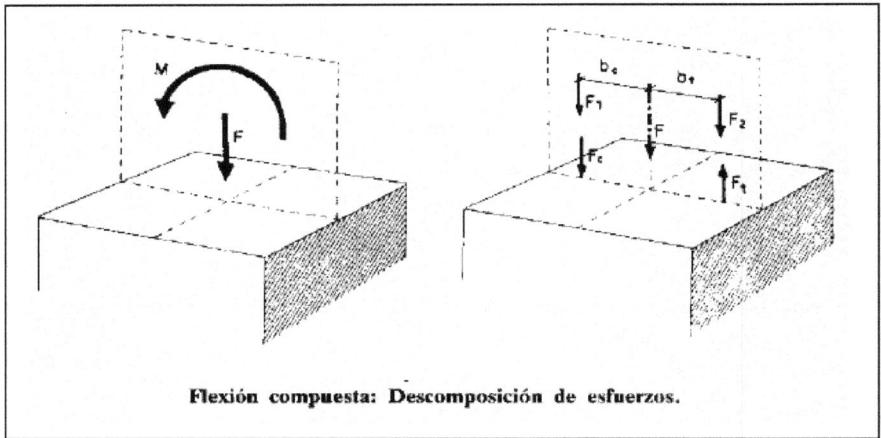

Flexión compuesta: Descomposición de esfuerzos.

Estas dos ecuaciones nos permiten analizar algunos <u>procedimientos para optimizar las estructuras</u>. Estos procedimientos conciernen a la posibilidad de actuar:

- sobre los valores de las solicitaciones (cargas y los momentos),
- sobre la forma de las secciones resistentes y
- sobre los materiales.

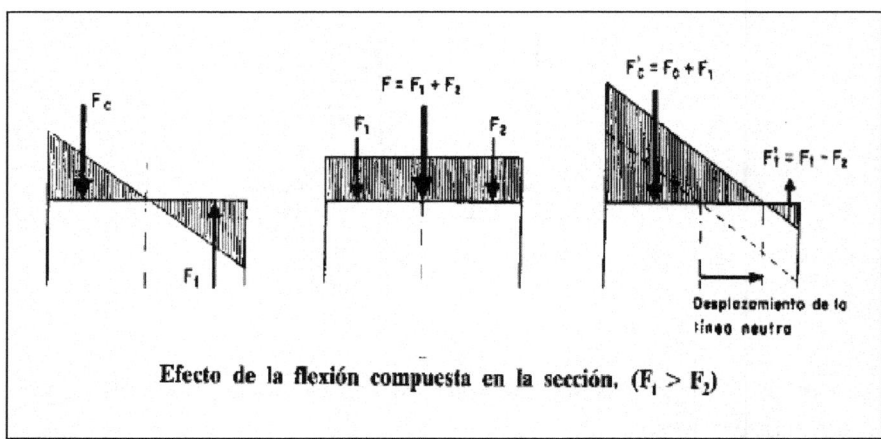

Efecto de la flexión compuesta en la sección. $(F_1 > F_2)$

1.7. EL PROBLEMA DE LA FLEXIÓN

De la misma forma que el esfuerzo axil N es un factor directo de la carga, el momento flector M depende del valor y del tipo de carga y de las condiciones de sustentación de la pieza.

Una viga apoyada en sus extremos y sometida a una determinada carga vertical Q provoca unas reacciones de valor igual a Q/2 en los apoyos. Las líneas que unen la carga con las reacciones equivalen al recorrido que efectúan las fuerzas de compresión dentro de la pieza solicitada.

Estas fuerzas se descomponen en dos reacciones verticales y dos pares de fuerzas horizontales en los extremos de la viga, tal y como se ve en la figura.

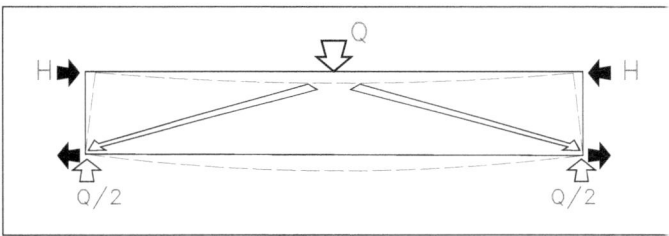

Las relaciones entre momento M, área de la sección resistente Ac, tensión σ, fuerza horizontal H y brazo z son las que se expresan a continuación.

$$H = \sigma\, A_c$$
$$M = H\, z$$
$$M = \sigma\, A_c\, z$$
$$\sigma = \frac{M}{A_c\, z} = \frac{M}{W}$$

El momento resistente W depende de la geometría de la sección (es función de la forma).

1.8.   EL BRAZO Y LA RESISTENCIA

A mejor relación **W/A** mejor funcionará la sección. La sección será más económica con mayor módulo resistente **W** para una misma área de la sección.

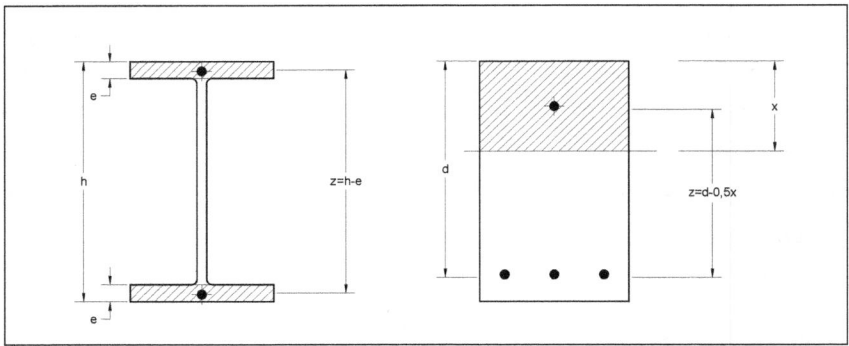

Para un canto limitado, por ejemplo por problemas de diseño, el coste de una sección será menor cuanto mayor sea la relación **h/A**.

En perfiles laminados el tipo que mejor cumple esta relación es el IPE seguido del IPN.

En secciones de hormigón sometidas a flexión simple, cuando no se dispone de otros medios o de datos más fiables, se suele utilizar la **expresión del brazo mecánico** para determinar la capacidad mecánica **U** de las armaduras traccionadas, directamente proporcional al momento mayorado e inversamente proporcional al brazo mecánico **z**, suponiendo que la distancia entre el centro de gravedad de la zona comprimida y el centro de las tracciones (armaduras) es de 0,9·d (o lo que es lo mismo 0,8·h si consideramos que los recubrimientos de las armaduras son del orden de 1/10 del canto total).

$$U = \frac{M_d}{z} = \frac{M_d}{0,9\,d}$$

siendo **M_d** el momento mayorado al que está sometida la sección y **d** el canto útil de la sección, distancia de las armaduras traccionadas hasta el extremo opuesto de la sección.

1.9.   RELACIÓN ENTRE CARGA, SOLICITACIÓN Y DEFORMACIÓN

1.9.1. Carga, cortante y momento

Consideremos un tramo de una viga apoyada sometida a flexión con una carga repartida q.

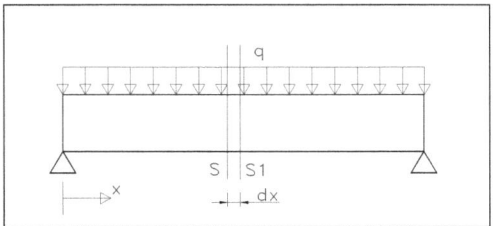

Sean V y M las solicitaciones de cortante y momento flector en una sección S. Las solicitaciones V1 y M1 en una sección S1 situada a una distancia dx de S serán:

$$V1 = V + dV = V - q \cdot dx$$

$$M1 = M + dM = M + V \cdot dx - q \cdot dx \cdot dx / 2 = M + V \cdot dx$$

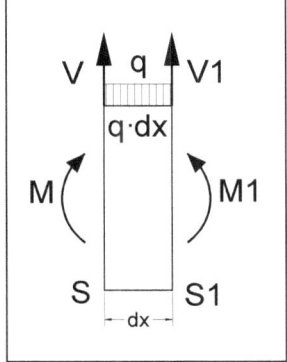

por ser despreciable el término $q \cdot dx \cdot dx / 2$ (infinitésimo de 2º orden), con lo cual:

$$dV = -q \cdot dx \qquad dM = V \cdot dx$$

Podemos calcular, entonces, el cortante V en función de la carga q según la expresión:

$$\boxed{V = -\int q\, dx + C_1 = -q\,x + \frac{q\,l}{2}}$$ siendo C_1 el cortante en x = 0,

es decir q·l/2;

Y el momento flector M: $\boxed{M = \int V\, dx + C_2 = \int \left(-q\,x + \frac{q\,l}{2}\right)dx = -\frac{q\,x^2}{2} + \frac{q\,l\,x}{2}}$ siendo C_2 el

momento en x = 0, que en el caso de la viga apoyada es nulo.

Conclusión:

➤ el cortante **V** es la integral, cambiada de signo, de la carga unitaria q a lo largo de la viga;

➤ el momento flector **M** es la integral del cortante **V** a lo largo de la misma.

1.9.2. Las deformaciones. Ecuación de la línea elástica.

Si tomamos un tramo de viga sometida a flexión constante M, las secciones experimentan una rotación θ. Las fibras longitudinales se convierten en arcos de longitud proporcional al radio de curvatura. Si r es el radio del eje baricéntrico, una fibra que esté a una distancia **y** del eje tendrá una deformación ε, tal que:

$$\frac{1+\varepsilon}{1} = \frac{r+y}{r}, \text{ o sea}: \ \varepsilon = \frac{y}{r}$$

con lo que la tensión será inversamente proporcional al radio de curvatura:

$$\boxed{\sigma = E\,\varepsilon = E\,\frac{y}{r}}$$

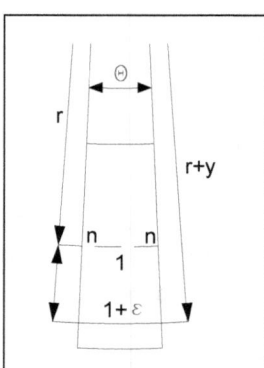

Pero, por otra parte, sabemos que la tensión en un punto de una sección depende del momento flector y es inversamente proporcional al momento de inercia, es decir:

$$\sigma = \frac{M\,y}{I}, \text{ luego } \ E\,\frac{y}{r} = M\,\frac{y}{I}, \text{ o sea}: \ \frac{1}{r} = \frac{M}{E\,I}$$

De lo que se deduce que podemos conocer el radio de curvatura (o lo que es lo mismo, el ángulo θ entre dos secciones del tramo en función del momento flector M y de las características I y E de la sección.

Si el momento flector es variable a lo largo de la viga, como ocurre en el caso de una viga cargada uniformemente, el ángulo de giro que ha experimentado una determinada sección a una distancia x del extremo de la viga será la integral del momento flector al que está sometido:

$$\boxed{\theta = \int \frac{M}{E\,I}\,dx}$$ y el descenso de la sección valdrá: $$\boxed{\delta = \int \frac{M\,x}{E\,I}\,dx}$$

Conclusión:

➢ el giro de una sección es la integral del momento a lo largo de la viga;

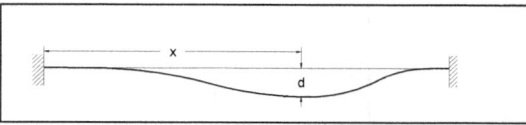

➢ el descenso de una sección es la integral del giro a lo largo de la misma (integral del momento por la distancia al origen).

1.10. CONCEPTO DE ANÁLISIS ESTRUCTURAL

El análisis estructural es un procedimiento que consiste en determinar los efectos que las acciones producen sobre una estructura. Este procedimiento consta de dos fases:

1. <u>Obtención de la solicitación</u> es lo que se conoce como cálculo de la estructura:

- Obtención de esfuerzos,
- Reacciones,
- Desplazamientos
- Deformaciones

3. <u>Determinación de la respuesta</u>, que se realiza a nivel de sección como cálculo de los esfuerzos que una sección puede resistir:

- Momento flector último;
- Cortante de agotamiento;
- Esfuerzo axil último, etc.

La **solicitación** y la **respuesta** se comparan a través de la inecuación $S_d \leq R_d$, la cual se utiliza para comprobar o para dimensionar determinadas variables incógnitas, tales como las cuantías de armaduras.

Este proceso es común a todas las estructuras, sea cual sea el elemento a estudiar, el tipo de estructura o la naturaleza de las acciones.

1.11. ACTUACIONES PARA OPTIMIZAR UNA ESTRUCTURA

Recordemos lo dicho en el apartado 1.6: las dos ecuaciones fundamentales de las solicitaciones normales a una sección:

$$\sigma = \frac{N}{A} \qquad y \qquad \sigma = \pm \frac{M}{W}$$

nos permiten analizar algunos procedimientos para la optimización de las estructuras. Estos procedimientos conciernen a la posibilidad de actuar:

- sobre los valores de las cargas y los momentos,
- sobre la forma de las secciones resistentes y
- sobre los materiales.

1.11.1. Sobre las acciones externas

La operación de disminuir el efecto de las cargas sobre la estructura es posible si se puede modificar su intensidad o su posición.

Las cargas permanentes pueden variar mediante una adecuada elección de los materiales, mientras que las cargas variables constituyen un problema distinto: el efecto sobre axiles y momentos en pilares y vigas de un edificio se puede modificar variando las distancias entre soportes y las luces e interejes de los pórticos (la reducción de luces implica una importante disminución de los momentos).

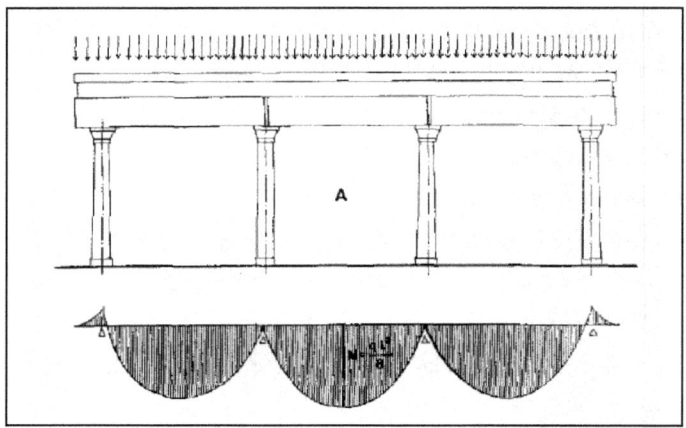

Influye también sobre los momentos el comportamiento de los nudos de la estructura: el momento flector máximo $M = p \cdot l^2 / 8$ en una viga simplemente apoyada sometida a una carga uniforme se reparte entre los momentos negativos $M^- = p \cdot l^2 / 12$ en los empotramientos extremos y el momento positivo $M^+ = p \cdot l^2 / 24$ en el centro del vano, si la viga está perfectamente empotrada.

Si lo que tenemos es una viga continua sobre múltiples apoyos, el flector máximo se reparte entre los momentos negativos M^- en los apoyos en continuidad y el momento positivo M^+ en el centro del vano.

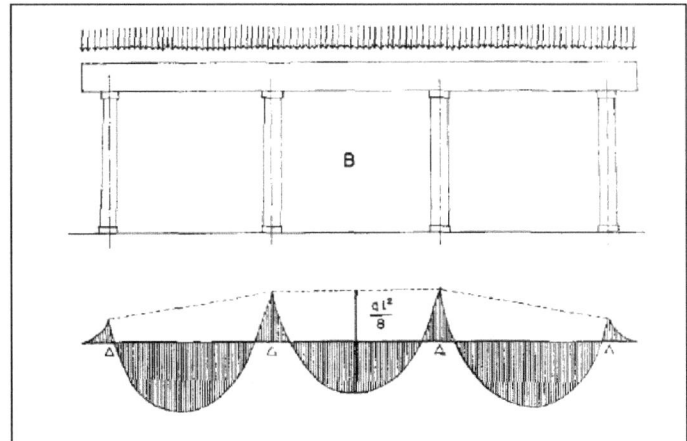

Para empotramientos perfectos (sin giros en el nudo) el momento positivo es la mitad del negativo y 1/3 del momento isostático.

En el caso de una viga continua sobre múltiples apoyos, las deformaciones de la estructura son completamente distintas de las que pueda tener una estructura a base de nudos rígidos.

En la figura siguiente se puede intuir cómo influye en el comportamiento de una estructura la tipología de los nudos de la misma. De aquí la importancia de elegir un sistema estático correcto.

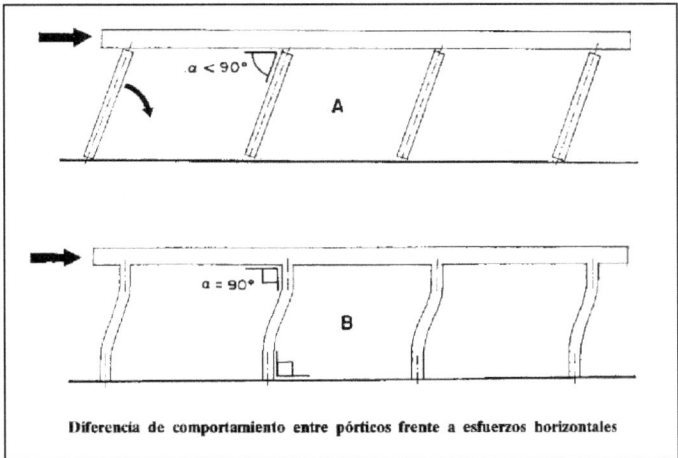

Diferencia de comportamiento entre pórticos frente a esfuerzos horizontales

1.11.2.   Sobre la forma de las secciones

La intervención sobre la forma de las secciones depende de las dos magnitudes **A** y **W** que afectan a las tensiones producidas por los esfuerzos axiles y por las solicitaciones de flexión. Está claro que una sección con una determinada área **A** puede tener distintos valores de **W** según la relación que exista entre las dimensiones de la sección.

Las mejores soluciones se obtienen combinando áreas **A** pequeñas con mayores momentos resistentes **W** y proporcionando una mayor resistencia en las zonas más alejadas de la fibra neutra, bien por un aumento de la anchura de sección (vigas en T y en doble T) o bien por la elección de un material más resistente (armaduras de acero) en las fibras más solicitadas.

1.11.3.   Sobre los materiales

La elección de los materiales adecuados, es también primordial a la hora de la resistencia (y de la economía) de una estructura: se puede obtener una reducción de los materiales cuando éstos tengan una adecuada resistencia: es obvio que para un pilar sometido a compresión, la solución en fábrica de ladrillo requerirá una sección muy superior a la que sería necesaria con un pilar de hormigón, debido a la mayor resistencia que posee este material.

2. LA NORMATIVA VIGENTE. ACCIONES

2.1. LAS ACCIONES

En la memoria del Proyecto deben figurar de forma expresa las acciones consideradas, las posibles combinaciones y los coeficientes de seguridad adoptados en cada caso tal y como indicaba el Artículo 4º de la anterior EHE.

Las acciones en la EHE (Art. 9º) se clasifican de acuerdo a su naturaleza en directas e indirectas o según su variación en el tiempo.

En cuanto a las situaciones de proyecto, se definen las siguientes:

- Uso normal de la estructura = Situación persistente.
- Construcción o reparación de la estructura = Situación transitoria.
- Condiciones excepcionales = Situación accidental.

Los tipos de acción se clasifican en permanentes, permanentes de valor no constante, variables y accidentales. La descripción de estos tipos de acción se expresa en la tabla siguiente.

Tipo de acción	Descripción
Permanente (G)	Constante en magnitud y posición (peso propio, cargas fijas...)
Permanente de valor no constante (G*)	Constante en posición pero no en magnitud (acciones reológicas, pretensado).
Variable (Q)	Puede actuar o no (sobrecarga de uso, viento, nieve...)
Accidental (A)	De gran magnitud pero poca probabilidad (explosiones, impactos, sismo...)

Para la comprobación según los Estados Límite Últimos, el Artículo 12º establece unos coeficientes parciales de seguridad que se relacionan a continuación.

Tipo de acción	Situación persistente o transitoria		Situación accidental	
	Efecto favorable	Efecto desfavorable	Efecto favorable	Efecto desfavorable
Permanente	$\gamma_G = 1,00$	$\gamma_G = 1,35$	$\gamma_G = 1,00$	$\gamma_G = 1,00$
Permanente de valor no constante	$\gamma_{G*} = 1,00$	$\gamma_{G*} = 1,50$	$\gamma_{G*} = 1,00$	$\gamma_{G*} = 1,00$
Variable	$\gamma_Q = 0,00$	$\gamma_Q = 1,50$	$\gamma_Q = 0,00$	$\gamma_Q = 1,00$

En esta nueva Instrucción no se tiene en cuenta el grado de control.

2.2. ACCIONES A CONSIDERAR

Las acciones a tener en cuenta en el cálculo de una estructura y por lo tanto de un forjado son las que se obtienen por aplicación del Código Técnico de la Edificación (CTE) que supone una actualización de la Norma Básica NBE-AE/88 "Acciones en la Edificación", y que son fundamentalmente las siguientes:

1)   Peso propio. El peso propio de una estructura depende de una serie de factores del forjado, factores tales como la separación de nervios (intereje), las dimensiones de éstos, la naturaleza de las bovedillas y el espesor de la capa de compresión. Para determinar el peso propio de los distintos elementos de una estructura, se acude a las tablas C.5 y C.6 del Anejo C del Documento Básico SE-AE Acciones en la edificación denominado "Prontuario de pesos y coeficientes de rozamiento interno" del Código Técnico de la Edificación (CTE).

2)   Carga permanente. Es la carga producida por los elementos constructivos y las instalaciones fijas, cuya posición y magnitud es invariable. Cuando el peso de la tabiquería sea inferior a 1,2 kN/m^2, se considerará como sobrecarga uniforme. Las cargas permanentes se pueden calcular por medio de las tablas C.1, C.2, C.3 y C.4 del citado Anejo C del CTE

3)   Carga variable. Para determinar las cargas gravitatorias variables que debe soportar una estructura se debe cumplir con lo establecido en el apartado 3 del Documento Básico ya citado, donde en la tabla 3.1 se determinan los valores característicos de las sobrecargas según el uso, en la tabla 3.2 se dan coeficientes de reducción de sobrecargas y el apartado 3.3 regula las cargas de viento.

El Documento Básico SE-AE Acciones en la edificación es primordial para poder establecer las cargas a las que se va a someter la estructura de un edificio.

2.3. LAS CARGAS A PREVER EN LOS FORJADOS.

2.3.1. Dentro de la carga permanente habrá que considerar:

-    El peso de los cerramientos que cargan en el borde exterior de forjados volados.
-    El peso de los solados y de los revestimientos del plano inferior.
-    El peso del peldañeado en los forjados de escaleras.
-    El peso de los elementos empleados, en su caso, en la formación de cubiertas.
-    Los elementos de partición cuyo grueso total sea superior a 7 cm.

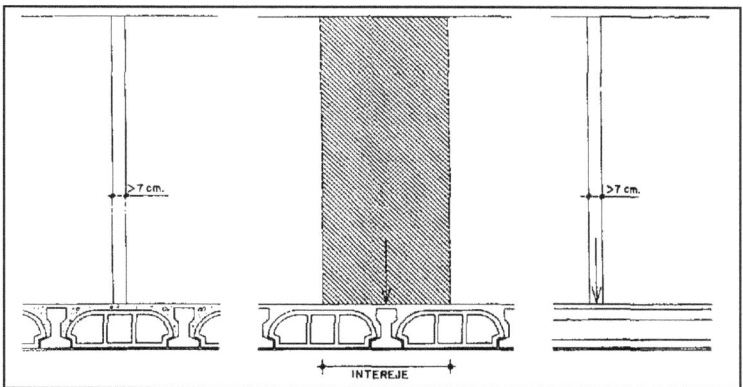

2.3.2. Dentro de la carga variable:

- En el extremo de los voladizos se considerará una carga lineal de 2,0 kN/m que produce sobre cada nervio una carga puntual de 2,0·d (siendo **d** el intereje).

- La tabiquería se considera como sobrecarga superficial cuando el peso de los tabiques no supere los 1,2 kN/m². La sobrecarga de tabiquería valdrá:

    o 1,0 kN/m² para sobrecargas de uso de hasta 3,0 kN/m²;

    o 0,5 kN/m² para sobrecargas de uso de 3,0 a 4,0 kN/m²;

    o no se considerará para sobrecargas mayores.

2.4.   COMBINACIÓN DE LAS ACCIONES.

En general, el cálculo de un forjado requiere considerar tres hipótesis cuando las desigualdades de luces y la relación entre sobrecarga de uso **q** y carga permanente **g** es importante.

No suele ser necesario considerar alternancias en la sobrecarga de uso cuando ésta no exceda de 2,00 kN/m² ni de la tercera parte de la carga total (considerando la sobrecarga de tabiquería dentro de las cargas permanentes).

A efectos de alternancia de cargas se considerarán las siguientes **tres** combinaciones:

1) La primera considera la carga permanente **g** y la sobrecarga **q**, ambas mayoradas, en todos los tramos.

En estas condiciones se obtienen los máximos momentos negativos sobre los apoyos.

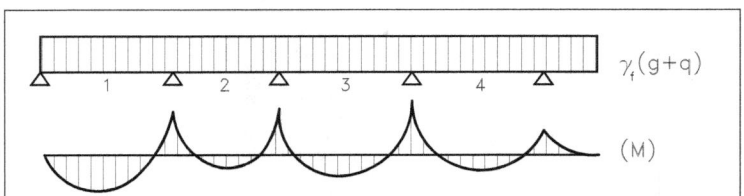

2) La segunda considera descargados de la sobrecarga de uso los tramos pares (la carga permanente sigue actuando mayorada en todos los tramos y la sobrecarga de uso en los impares).

De esta forma se obtienen los máximos momentos de vano en los vanos impares.

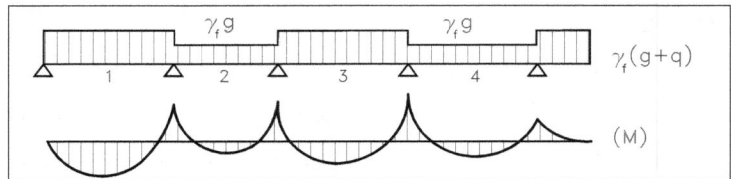

3) La tercera considera descargados de la sobrecarga de uso las tramos impares.

En este caso obtenemos los máximos momentos de vano en los tramos pares.

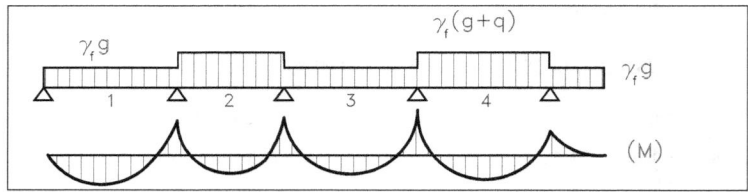

Todos estos conceptos los veremos con más detenimiento cuando tratemos el bloque de los forjados. Por ahora nos quedaremos con la idea de los tipos de carga,

---

3. **LOS MATERIALES. HORMIGÓN ARMADO**

3.1. EL HORMIGÓN

3.1.1. Resistencia característica del hormigón

La resistencia a compresión simple es la característica mecánica más importante de un hormigón. Su determinación se efectúa mediante el ensayo de probetas según métodos normalizados.

El problema se plantea así: dados **n** resultados obtenidos al ensayar a compresión simple **n** probetas cilíndricas de 15x30 cm de un mismo hormigón, determinar un valor que sea representativo de la serie. La media aritmética f_{cm} de los **n** valores de rotura es la llamada resistencia media, pero es un valor que no refleja la verdadera calidad del hormigón en obra, ya que no tiene en cuenta la dispersión de la serie: entre dos hormigones que tengan la misma resistencia media será más fiable aquel que presente menor dispersión de resultados.

Para evitar este problema se ha adoptado el concepto de **resistencia característica del hormigón a compresión**, que tiene en cuenta los resultados obtenidos en ensayos de rotura a compresión a 28 días, realizados sobre probetas cilíndricas de 15 cm de diámetro y 30 cm de altura, fabricadas, conservadas y ensayadas conforme a la Instrucción.

Se define entonces como resistencia característica f_{ck} del hormigón aquel valor que presenta un grado de confianza del 95%, es decir que el 95% de los valores de las probetas den una resistencia superior.

La Instrucción EHE (art. 39.2) recomienda utilizar la siguiente serie de resistencias en los hormigones:

$$20, 25, 30, 35, 40, 45, 50$$

que se emplean generalmente en estructuras de edificación, y

$$55, 60, 70, 80, 90 \text{ y } 100$$

que tienen su principal aplicación en obras de ingeniería y en prefabricación, todas ellas expresadas en N/mm² de resistencia característica de compresión a 28 días.

La resistencia mínima de proyecto f_{ck}=20 N/mm² se limita en su utilización a hormigones en masa.

En lo que se refiere a la tipificación, la propia Instrucción establece el formato que se debe reflejar en los planos de proyecto y en el pliego de prescripciones técnicas particulares, que será el siguiente:

Tipo – Resistencia / Consistencia / Tamaño Máximo / Ambiente

Por ejemplo: HA–25 / B / 20 / IIb

que corresponde a un hormigón armado de 25 N/mm^2 de resistencia característica a compresión, consistencia blanda, árido máximo de 20 mm y ambiente de agresividad normal y humedad media.

La resistencia de cálculo **f$_{cd}$** del hormigón es el valor de la resistencia característica de proyecto f$_{ck}$ dividida por el coeficiente parcial de seguridad γ_c que corresponda, es decir:

$$f_{cd} = \frac{f_{ck}}{\gamma_c}$$

Conforme al Artículo 15º de la EHE-08, para situaciones persistentes o transitorias en edificación, γ_c=1,5 y para situaciones accidentales el valor será γ_c=1,3.

3.1.2. Resistencia del hormigón a tracción

Aunque no debe contarse con la resistencia a tracción del hormigón a efectos resistentes, se debe conocer su valor, ya que juega un papel importante en fenómenos como la fisuración, el esfuerzo cortante, la adherencia y el deslizamiento de las armaduras.

La resistencia a tracción es también un valor convencional que depende de ensayos. Los valores obtenidos en los ensayos son bastante dispersos, pero la anterior EHE admitía las siguientes relaciones entre la resistencia característica a tracción y la resistencia característica a compresión del hormigón:

$$f_{ctk} = 0{,}21 \sqrt[3]{f_{ck}^{\,2}}$$

siendo f$_{ck}$ la resistencia característica a compresión y f$_{ctk}$ la resistencia característica a tracción, todas ellas expresadas en N/mm^2.

La EHE-08 considera la resistencia de cálculo a tracción del hormigón (Art. 39.4) el valor de la relación entre la resistencia característica a tracción y el coeficiente parcial de seguridad citado anteriormente, es decir:

$$f_{ctd} = \frac{f_{ct,k}}{\gamma_c}$$

3.1.3. Módulo de deformación longitudinal del hormigón

No siendo el hormigón un cuerpo completamente elástico, no cabe hablar de módulo de elasticidad sino de **módulo de deformación longitudinal**, el cual no tiene un valor constante en el diagrama σ-ε de tensiones y deformaciones, dada la curvatura del mismo.

Cabe entonces distinguir los conceptos siguientes:

Módulo tangente, llamado también módulo de elasticidad, cuyo valor es variable en cada punto y viene medido por la inclinación de la tangente a la curva en dicho punto.

Módulo secante, también llamado módulo de deformación, cuyo valor es variable en cada punto y viene medido por la inclinación de la recta que une el origen con dicho punto.

Módulo inicial, también llamado módulo de elasticidad en el origen, que corresponde a la tensión nula, en cuyo caso coinciden el módulo tangente y el secante. Viene dado por la inclinación de la tangente a la curva en el origen.

Cuando se trata de determinar deformaciones para cargas que produzcan tensiones de hasta el 40% de la de rotura, se puede adoptar como módulo de deformación un valor constante, para cada tipo de hormigón, igual al módulo de elasticidad inicial E_{c0} del diagrama.

a) Para cargas instantáneas o rápidamente variables, el módulo de deformación longitudinal inicial del hormigón a 28 días puede tomarse, según la Instrucción EHE, igual a:

$$E_{om} = 10.000 \sqrt[3]{f_{cm}}$$

donde f_{cm} es la resistencia media a compresión del hormigón a los 28 días, en N/mm^2.

b) Como módulo de deformación longitudinal secante a 28 días, la EHE-08 establece el siguiente valor, que será válido mientras la curvatura del diagrama no sea excesiva (las tensiones del hormigón no deben sobrepasar el valor de 0,40 f_{cm}):

$$E_{cm} = 8.500 \sqrt[3]{f_{cm}}$$

Cuando se trate de cargas permanentes o duraderas, los módulos de deformación valdrán 2/3 de los valores anteriores en climas húmedos y 2/5 en climas secos, para evaluar la deformación diferida final que, sumada a la instantánea, proporciona la deformación final.

3.1.4. Utilización del hormigón

Se recomienda, por razones de calidad y garantía, utilizar únicamente hormigón fabricado en central (hormigón preparado o fabricado en central de obra).

La resistencia **mínima** característica (f_{ck}) de proyecto que exige la EHE es la siguiente según el tipo de hormigón que se utilice:

- Hormigón en masa: 20 N/mm^2

- Armado o pretensado: 25 N/mm^2

- Hormigón de limpieza (*):   --

    (*) El hormigón de limpieza se considera no estructural, lo mismo que el de elementos como bordillos o aceras y, por lo tanto, la Instrucción EHE no establece un mínimo de f_{ck} para ellos.

Para los casos específicos de obras de edificación, se recomienda aplicar los siguientes criterios para seleccionar el hormigón a emplear.

Propiedad	Criterio a aplicar
Resistencia a compresión	Emplear los valores 25-30 N/mm^2 (para hormigón en masa, basta con 20 N/mm^2).
Consistencia	Asiento recomendado ≥ 6 cm.
Tamaño máximo del árido	En función del recubrimiento, de la distancia entre armaduras y de la dimensión mínima de la pieza.
Coherencia en la dosificación del hormigón	Clases de exposición más agresivas requieren un mayor contenido de cemento, menor relación A/C y mayor resistencia a compresión.

Las piezas con mayor densidad de armaduras necesitan hormigones con un mayor asiento. En la siguiente tabla se establecen los valores máximo y mínimo recomendados de asiento (en cm) en distintos tipos de pieza y densidad de armaduras para obras de edificación.

Tipo de pieza	Densidad de armaduras		
	Débil	Media	Fuerte
Cimentaciones, muros	6-7	6-9	6-10
Pilares, vigas, pantallas	6-9	7-11	8-15
Forjados, losas, escaleras	6-7	6-9	6-10

3.2. EL ACERO (ARMADURAS PASIVAS)

Las armaduras para el hormigón armado, según la EHE, serán de acero y estarán constituidas por barras corrugadas y mallas.

Los diámetros nominales de las barras corrugadas se ajustarán a la serie siguiente, de acuerdo con la tabla 6 de la UNE-EN 10080:

6, 8, 10, 12, 14, 16, 20, 25, 32 y 40 mm

Los diámetros nominales de los alambres corrugados empleados en las mallas electrosoldadas serán los siguientes (Art. 32.2 de la EHE-08):

4, 4,5, 5, 5,5, 6, 6,5, 7, 7,5, 8, 8,5, 9, 9,5, 10, 10,5, 11, 11,5, 12, 14 y 16 mm

Para el reparto y control de la fisuración superficial se podrán utilizar también mallas electrosoldadas formadas por alambres corrugados de diámetros 4 y 4,5 mm.

La sección equivalente no será inferior al 95,5% de su sección nominal.

Se considera límite elástico f_y del acero el valor de la tensión que produce una deformación del 0,2 por 100.

Las barras corrugadas son, según la EHE, las que presentan ciertos valores en la tensión media de adherencia τ_{bm} y en la tensión de rotura de adherencia τ_{bu}, tal y como se determina en la Instrucción, tras el ensayo de adherencia por flexión, y cumplen los requisitos de la UNE 36.068:94.

La tabla siguiente sintetiza los distintos tipos de acero utilizables como base para las armaduras pasivas.

Elementos	Ductilidad	Designación	Diámetros (mm)	Límite elástico f_y (N/mm2)	Carga unitaria de rotura f_s (N/mm2)	Alargamiento en rotura sobre base de 5 diámetros A_s (%)
Barras corrugadas	Normal	B 400 S	6 a 40	400	440	14
	Alta	B 400 SD	6 a 40	400	480	20
	Normal	B 500 S	6 a 40	500	550	12
	Alta	B 500 SD	6 a 40	500	575	16
Alambres	Normal	B 500 T	4 a 16	500	550	8

3.2.1. Resistencia de cálculo

Se considera como resistencia de cálculo f_{yd} del acero el valor del límite elástico de proyecto f_{yk} dividido por el coeficiente γ_s de minoración del acero definido en el artículo 15.3 de la Instrucción, cuyo valor será de 1,15 para situaciones de proyecto persistentes o transitorias y de 1,0 para situaciones accidentales. La expresión es válida tanto para tracción como para compresión.

3.2.2. Cuantías geométricas mínimas de acero

En cuanto a las cuantías geométricas mínimas de armadura, referidas a la sección total de hormigón en tanto por 1.000, el art. 42.3.5 de la Instrucción establece las siguientes:

TIPO DE ELEMENTO		Aceros con F_y= 400 N/mm2	Aceros con F_y= 500 N/mm2
PILARES		4,0	4,0
LOSAS [1]		2,0	1,8
FORJADOS UNIDIRECCIONALES	Nervios [2]	4,0	3,0
	Armadura reparto perpendicular a los nervios [3]	1,4	1,1
	Armadura reparto paralela a los nervios [3]	0,7	0,6
VIGAS [4]		3,3	2,8
MUROS	Horizontal [4]	4,0	3,2
	Vertical	1,2	0,9

[1] Para cada una de las armaduras, longitudinal y transversal, repartidas en las dos caras. Para losas de cimentación y zapatas armadas será la mitad de estos valores en cada dirección y solo en la cara inferior. (Nuevo en EHE-08).

[2] La cuantía se referirá a la sección de ancho b_w (ancho mínimo del nervio) y canto el del forjado, aplicándose solo en los nervios. Todas las viguetas deberán tener en la zona inferior al menos dos armaduras longitudinales simétricas respecto al plano medio vertical.

[3] Cuantía mínima referida al espesor de la capa de compresión hormigonada in situ.

[4] Cuantía mínima correspondiente a la cara de tracción. Para la cara opuesta se recomienda disponer al menos un 30% de la anterior.

En la tabla siguiente se exponen los pesos (en kN/m) y secciones (en mm2) de los distintos diámetros de las armaduras de acero para hormigón.

DIÁMETRO	PESO	NÚMERO DE BARRAS (SECCIÓN EN mm²)									
Φ (mm)	(N/m)	1	2	3	4	5	6	7	8	9	10
6	2,220	28,3	56,5	84,8	113,1	141,4	169,6	197,9	226,2	254,5	282,7
8	3,946	50,3	100,5	150,8	201,1	251,3	301,6	351,9	402,1	452,4	502,7
10	6,165	78,5	157,1	235,6	314,2	392,7	471,2	549,8	628,3	706,9	785,4
12	8,878	113,1	226,2	339,3	452,4	565,5	678,6	791,7	904,8	1017,9	1131,0
14	12,084	153,9	307,9	461,8	615,8	769,7	923,6	1077,6	1231,5	1385,4	1539,4
16	15,783	201,1	402,1	603,2	804,2	1005,3	1206,4	1407,4	1608,5	1809,6	2010,6
20	24,662	314,2	628,3	942,5	1256,6	1570,8	1885,0	2199,1	2513,3	2827,4	3141,6
25	38,534	490,9	981,7	1472,6	1963,5	2454,4	2945,2	3436,1	3927,0	4417,9	4908,7
32	63,133	804,2	1608,5	2412,7	3217,0	4021,2	4825,5	5629,7	6434,0	7238,2	8042,5

3.2.3. Capacidades mecánicas.

Se define como **capacidad mecánica** de una sección al producto del área de su sección por su resistencia de cálculo, es decir:

$$U_s = A_s \cdot f_{yd}$$

Se incluyen a continuación las tablas de las capacidades mecánicas (en kN) para los aceros de límite elástico 400 y 500 N/mm^2 (B-400S y B-500S) con un coeficiente parcial de seguridad $\gamma_s = 1,15$ para el B-400 S y limitando a 400 N/mm^2 la resistencia de cálculo del B-500S con el fin de admitir que pueda trabajar a compresión.

TABLAS DE CAPACIDADES MECÁNICAS

CAPACIDAD MECÁNICA EN kN   **B-400 S**

$U_1 = A_1 \cdot f_{yd}$ $f_{yk} = 400 \text{ N/mm}^2$

$U_2 = A_2 \cdot f_{yd}$ $\gamma_s = 1,15$

Diámetro	NÚMERO DE BARRAS									
Ø (mm)	1	2	3	4	5	6	7	8	9	10
6	9,8	19,7	29,5	39,3	49,2	59,0	68,8	78,7	88,5	98,3
8	17,5	35,0	52,5	69,9	87,4	104,9	122,4	139,9	157,4	174,8
10	27,3	54,6	82,0	109,3	136,6	163,9	191,2	218,5	245,9	273,2
12	39,3	78,7	118,0	157,4	196,7	236,0	275,4	314,7	354,0	393,4
14	53,5	107,1	160,6	214,2	267,7	321,3	374,8	428,3	481,9	535,4
16	69,9	139,9	209,8	279,7	349,7	419,6	489,5	559,5	629,4	699,3
20	109,3	218,5	327,8	437,1	546,4	655,6	764,9	874,2	983,5	1.092,7
25	170,7	341,5	512,2	683,0	853,7	1.024,4	1.195,2	1.365,9	1.536,6	1.707,4

CAPACIDAD MECÁNICA EN kN   **B-500 S**

$U_1 = A_1 \cdot f_{yd}$ $f_{yk} = 500 \text{ N/mm}^2$

$U_2 = A_2 \cdot f_{yd}$ $f_{yd} = 400 \text{ N/mm}^2$

Diámetro	NÚMERO DE BARRAS									
Ø (mm)	1	2	3	4	5	6	7	8	9	10
6	11,3	22,6	33,9	45,2	56,5	67,9	79,2	90,5	101,8	113,1
8	20,1	40,2	60,3	80,4	100,5	120,6	140,7	160,8	181,0	201,1
10	31,4	62,8	94,2	125,7	157,1	188,5	219,9	251,3	282,7	314,2
12	45,2	90,5	135,7	181,0	226,2	271,4	316,7	361,9	407,2	452,4
14	61,6	123,2	184,7	246,3	307,9	369,5	431,0	492,6	554,2	615,8
16	80,4	160,8	241,3	321,7	402,1	482,5	563,0	643,4	723,8	804,2
20	125,7	251,3	377,0	502,7	628,3	754,0	879,6	1.005,3	1.131,0	1.256,6
25	196,3	392,7	589,0	785,4	981,7	1.178,1	1.374,4	1.570,8	1.767,1	1.963,5

4. **LAS ESTRUCTURAS PORTICADAS**

4.1. DEFINICIÓN Y ELEMENTOS QUE LAS COMPONEN

Se entiende por "estructura porticada" aquella que está constituida por una sucesión de pilares sobre los que se sustentan jácenas o vigas dispuestas según una directriz continua. Bajo esta jácena, el pórtico queda delimitado por los pilares que la sustentan.

La interacción de empotramiento entre los elementos estructurales de hormigón armado introduce una importante variación en la forma de trabajo de la jácena respecto al apoyo simple que tenía tradicionalmente, puesto que ésta ya no puede considerarse independiente, sino interrelacionada con sus elementos adyacentes.

El pórtico es una de las formas estructurales más utilizada en la aplicación del hormigón armado a la construcción de edificios, tanto por su continuidad y rigidez de nudos como por la sencillez de su realización.

4.1.1. Pilares

La misión fundamental de un pilar es la transmisión vertical de las cargas a lo largo de su directriz hacia la cimentación. Ello justifica que su directriz sea generalmente vertical o inclinada en la dirección de la transmisión de las cargas, y que adopte secciones sencillas, rectangulares o circulares.

Cuando se realiza en hormigón armado, el pilar también puede absorber momentos flectores procedentes de otros elementos. En este caso el método de sustentación debe ser el empotramiento.

Dado que la principal misión del pilar va a ser la transmisión de cargas a cotas inferiores, la solicitación más importante será la compresión, lo cual implica que el material de la mayor parte de la sección deberá ser el hormigón. El tipo de hormigón a emplear será como mínimo un HA-25 tanto para acero de tipo B400S como para el B500S, según la Instrucción EHE.

La cuantía geométrica mínima de acero a disponer será del 4 por mil de la sección, siempre que estemos por encima de 4Φ12, que es el mínimo admisible para barras sometidas a compresión, según la citada Instrucción para secciones rectangulares o 6Φ12 para secciones circulares según la propia Instrucción.

Las armaduras longitudinales tienen por misión principal:

- cooperar con el hormigón a la transmisión de esfuerzos axiales de compresión y

- absorber las tracciones debidas a los esfuerzos de flexión a que se vea sometido el pilar.

Estas armaduras deberán estar cerca de la cara traccionada, lo cual aconseja colocarlas junto al perímetro de la sección, de forma simétrica respecto a los ejes del pilar, garantizando siempre un mínimo recubrimiento.

➢ Si la distancia entre dos armaduras consecutivas es de más de 35 cm (lado mayor de 40 cm), se dispondrán armaduras intermedias.

➢ La cuantía geométrica máxima no debe superar el 35 por mil de la sección del pilar, aunque no conviene sobrepasar el 25 por mil de la misma.

Las armaduras transversales se suelen disponer en planos paralelos a la sección formando <u>cercos o estribos cerrados</u>, aunque en ocasiones pueden formar una armadura <u>continua helicoidal o zunchado</u>, especialmente en pilares de sección circular o similar.

La misión de estas armaduras es:

- completar la jaula de acero a fin de conferirle una mayor rigidez para el transporte y puesta en obra,

- reducir la longitud libre de las armaduras longitudinales que trabajen a compresión, impidiendo su pandeo,

- cooperar con el hormigón a absorber los esfuerzos cortantes y

- soportar las torsiones que puedan producirse en el pilar.

La unión entre armaduras longitudinales y transversales debe hacerse por atado con alambre y nunca por soldadura.

➢ Se deben disponer a una distancia no superior a 15 veces el diámetro de la barra comprimida más delgada.

➢ En zonas sísmicas esta separación máxima será de 12 veces el diámetro de la barra comprimida más delgada.

4.1.2. Vigas

Se entiende por viga o jácena un elemento de directriz lineal, generalmente horizontal, que se caracteriza por su trabajo a flexión y que está sustentada en uno o ambos extremos.

Las acciones que aparecen actuando en las vigas son:

1) Una carga vertical, uniformemente repartida, producida por su propio peso y por otros elementos, provocando solicitaciones de flexión.

2) Cargas verticales, fijas o variables, uniformes, parciales, triangulares o puntuales, debidas a elementos fijos o desplazables, que provocan momentos flectores y esfuerzos cortantes.

3) Cargas en dirección de la directriz de la barra, en ambos sentidos, que producen compresiones y tracciones compuestas.

4) Momentos flectores en planos normales a la directriz, provocando momentos torsores.

Atendiendo a su misión principal, las vigas pueden clasificarse en:

- vigas resistentes o vigas en sentido estricto; pueden estar sustentadas en un extremo empotrado (voladizo) o en ambos;

- vigas de arriostramiento, en las que la flexión se debe sólo a su peso propio, pero han sido concebidas para trabajar a compresión o tracción;

- zunchos de atado, como elementos cuya misión es rematar elementos planos como forjados, asegurando su monolitismo.

Puesto que la misión principal de las vigas es su trabajo a flexión, la solicitación de compresión será absorbida principalmente por el hormigón y la tracción correspondiente deberá ser soportada por el acero con un mínimo de recubrimiento de hormigón. El tipo de hormigón a emplear, en función del tipo de acero, es el mismo que ya se vio para los pilares. La Instrucción EHE aconseja que se disponga en la cara opuesta a las traccionadas una armadura al menos igual al 30% de la de tracción.

El canto de una viga suele estar comprendido entre 1/10 y 1/12 de la luz, en cuyo caso, y siempre que no sobrepase de los 70 cm, el rendimiento mecánico de los materiales es óptimo.

En muchas ocasiones se emplean cantos inferiores por motivos de diseño (vigas planas). La viga se encarece, ya que la deficiencia de forma tiene que suplirse con mayores cuantías de acero (téngase en cuenta que en una sección rectangular, el momento de inercia, fundamental para la resistencia a flexión, tiene la expresión $I = b\ h^3 / 12$, donde h es el canto y b el ancho de la viga).

Para el dimensionamiento de vigas planas no conviene superar la relación canto/luz de 1/28, para evitar un exceso de flecha. La anterior Instrucción EHE ya indicaba la necesidad de comprobar a flecha las vigas cuya relación canto luz sea inferior a 0,06 (h/L= 1/16).

Las armaduras longitudinales se colocarán en función de las zonas sometidas a tracción que existan en cada sección de la viga y para cooperar con el hormigón en la absorción de esfuerzos excesivos de compresión. Asimismo deberán colocarse armaduras longitudinales de montaje con el fin de completar la formación de las jaulas.

Las armaduras transversales se disponen en forma de estribos o cercos paralelos a la sección con el fin de:

- absorber el esfuerzo cortante en las vigas, colaborando con el hormigón, y
- completar la formación de jaulas para un más fácil transporte y puesta en obra.

A veces se suelen disponer barras levantadas, que son prolongaciones de barras traccionadas que, cuando dejan de ser necesarias para soportar tracciones, se doblan a 45º y se suben hasta la zona superior de la viga para anclarlas o prolongarlas. Esta disposición no suele ser habitual en estructuras de edificación.

➢ La separación entre planos de estribos, **según los nuevos criterios de la EHE-08** (art. 44.2.3.4.1), debe ser:

- menor o igual a **600** mm;
- menor o igual a **0,75 d** (**d** = canto útil de la viga);

Estas separaciones se entienden como máximas, y estarán sujetas a ulteriores comprobaciones, dependiendo de la relación que exista entre el esfuerzo cortante de cálculo V_d y el esfuerzo cortante último V_{u1} que puede soportar una determinada sección de hormigón. Las comprobaciones de separación máxima de armaduras transversales se estudiarán más adelante, en el apartado referente al esfuerzo cortante.

En cuanto a la organización y disposición de las armaduras, pueden recogerse los siguientes principios generales:

- las armaduras de tracción deben disponerse de modo que no sea posible su deslizamiento; para ello es necesario dejar una longitud de anclaje adecuada según sea la posición de la barra (artículo 69.5 de la Instrucción EHE-08);

- para una misma cuantía de acero requerida por el cálculo, es preferible emplear un mayor número de <u>barras más delgadas</u> que menos barras más gruesas, aunque con la limitación del tamaño del árido que se vaya a emplear;

- a la hora de armar una estructura, es conveniente <u>unificar el diámetro</u> de las barras empleadas, utilizando como máximo 3 ó 4 diámetros distintos para las armaduras principales (p. ej. 10, 16 y 20 mm);

- la <u>distancia vertical</u> entre armaduras longitudinales en las vigas será como <u>máximo de 30 cm</u>; esto implica la adopción de una armadura intermedia de $\Phi 8$ mm ó superior (armadura de piel) en vigas de canto superior a 60 cm, con el fin de dar rigidez a la jaula.

4.2. ANÁLISIS DE PÓRTICOS POR EL MÉTODO DE CROSS

4.2.1. Planteamiento

Es un método para la resolución de estructuras hiperestáticas sometidas a cargas verticales, basado en dos principios fundamentales:

1) la interacción de las solicitaciones entre los extremos de las barras y

2) el equilibrio de los momentos en los nudos.

Los principios en los que se apoya son los dos teoremas de Mohr:

$$\theta = \int \frac{M_x}{E\,I}\,dx \quad ; \quad \Delta = \int \frac{M_x\,x}{E\,I}\,dx$$

siendo θ el ángulo entre dos secciones cualesquiera de una barra provocado por un momento M_x y Δ el desplazamiento vertical (normal a la barra) entre las dos secciones, como se vio en el apartado 1.9.2.

a) <u>Interacción de las solicitaciones en los extremos de una barra.</u>

Veamos qué ocurre en un extremo de una barra cuando en el extremo opuesto aplicamos un determinado momento flector M_1.

Por la ley de momentos flectores, en el punto x tendremos:

$$M_x = M_1 - Y_1 \cdot x$$

pero, por las ecuaciones de equilibrio:

$$Y_1 + Y_2 = 0$$

$$Y_1 \cdot L - M_1 - M_2 = 0$$

tendremos:

$$Y_1 = \frac{M_1 + M_2}{L} \qquad \text{luego:} \qquad M_x = M_1 - \frac{M_1 + M_2}{L}\,x$$

Por el segundo teorema de Mohr, y siendo nulo el desplazamiento Δ entre los extremos de la barra, tendremos:

$$\frac{1}{EI}\int\left(M_1 - \frac{M_1 + M_2}{L}\,x\right)x\,dx = 0$$

$$\frac{1}{EI}\left(\frac{M_1\,x^2}{2} - \frac{M_1 + M_2}{L}\frac{x^3}{3}\right)_0^L = 0\,; \qquad \frac{M_1 L^2}{2} = \frac{M_1 + M_2}{3}L^2$$

$$\frac{M_1 L^2}{2} - \frac{M_1 L^2}{3} = \frac{M_2 L^2}{3}\,; \qquad \frac{M_1}{6} = \frac{M_2}{3}\,; \qquad M_2 = \frac{M_1}{2}$$

Es decir, si aplicamos un momento M_1 en un extremo, aparecerá un momento M_2 en el otro extremo, con el mismo signo y valor mitad.

b) Por otra parte, la <u>condición de equilibrio en los nudos</u> nos dice que la suma de los momentos en los extremos de las barras que confluyen en un nudo se anulan: $\Sigma M_i = 0$ en cada nudo.

4.2.2. Definiciones

Partimos de tres conceptos cuyas definiciones son:

1. <u>Rigidez de una pieza</u>: se define como la relación que existe entre un determinado momento flector M y el ángulo θ que provoca en la pieza: $R = M/\theta$. A mayor rigidez de la pieza, menor será el ángulo.

   La rigidez en una pieza biempotrada es: $R = 4EI/L$

   La rigidez en una pieza empotrada-apoyada es: $R = 3EI/L$.

En las estructuras porticadas de hormigón armado no existen rótulas articuladas, por lo que consideraremos que los extremos de las barras están siempre empotrados.

2. <u>Coeficiente de reparto</u>: es la relación Ci que en cada nudo tiene la rigidez de cada barra respecto a la suma de las rigideces de las barras que confluyen en el nudo.

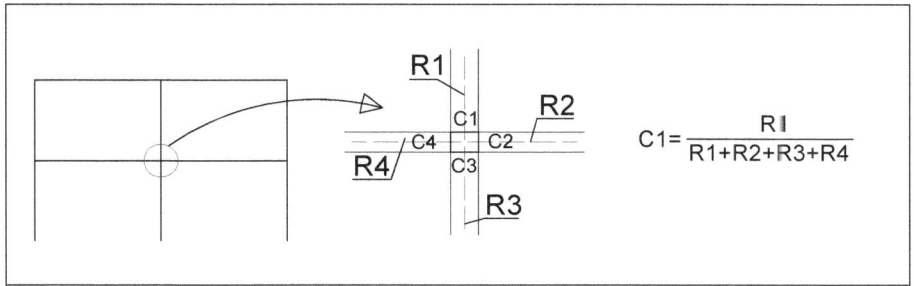

3. Momentos de empotramiento perfecto: son los momentos M_0 de empotramiento que cada barra tendría en sus extremos si no transmitiera esfuerzos a las restantes, constituyendo un sistema aislado.

En el caso de una barra biempotrada, para una carga q uniforme, vale $M_0=ql^2/12$.

En una viga apoyada-empotrada vale $M_0=ql^2/8$.

En el caso de una viga en voladizo es $M_0=ql^2/2$.

4.2.3. Procedimiento

El procedimiento que se sigue en el método de Cross es el siguiente:

a) Cálculo de las rigideces R_i de cada barra.

b) Cálculo de los coeficientes de reparto C_i de las barras que confluyen en cada nudo.

c) Cálculo de los momentos de empotramiento perfecto M_0 en cada nudo, transmitidos por las barras. Para el signo de los momentos se adopta el convenio de considerar positivos los antihorarios y negativos los horarios.

d) Suma de los momentos en cada nudo ΣM_i.

e) Cálculo del reparto de las ΣM_i de cada nudo proporcionalmente a los coeficientes C_i de reparto de las barras que confluyen en él.

f) Transmisión de los momentos a los nudos opuestos en cada barra.

g) Se vuelve al punto d) y se repite este procedimiento hasta que se pueda considerar cada nudo lo suficientemente equilibrado (se suele aceptar cuando la suma de los momentos en cualquier nudo está entre el 5% y el 10% del menor de las sumatorias ΣM_0 de los momentos de empotramiento perfecto).

h) Llegados a este punto, la pequeña diferencia que pueda existir en la suma de momentos en cada nudo se reparte proporcionalmente a los coeficientes de reparto C_i y se cierra el ciclo sin volver a efectuar la transmisión de momentos de extremo a extremo.

4.3.   EJEMPLO DE ANÁLISIS DE UN PÓRTICO POR CROSS

Analizar por el método de Cross el pórtico representado en la figura:.

1. Hallar los momentos flectores en las secciones extremas de todas las barras y en la zona central de las vigas.

2. Analizar todas las barras, determinando los esfuerzos cortantes en las vigas y los correspondientes axiles de compresión en los pilares.

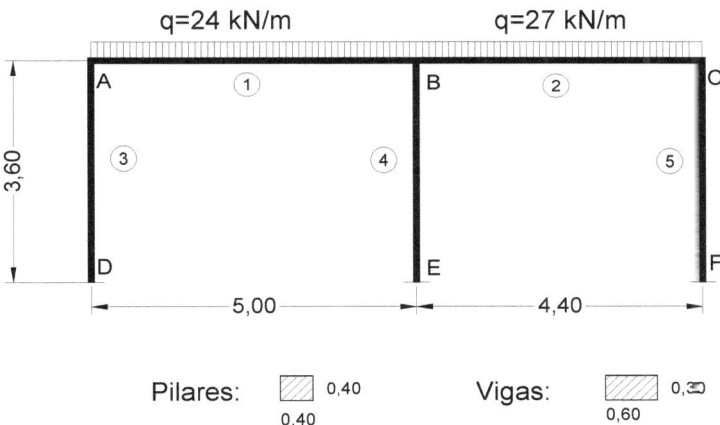

SOLUCIÓN

El método de cálculo es el comentado anteriormente:

*   Determinación de las rigideces relativas R de las piezas;
*   Cálculo de los coeficientes de reparto C_i en cada nudo;
*   Cálculo de los momentos M_0 de empotramiento perfecto en las vigas;
*   Determinación del desequilibrio de momentos ΣM_i en cada nudo;
*   Cálculo del reparto de los desequilibrios por nudos según los coeficientes C_i;
*   Transmisión de los momentos a los nudos opuestos de cada barra.

SOLUCIÓN

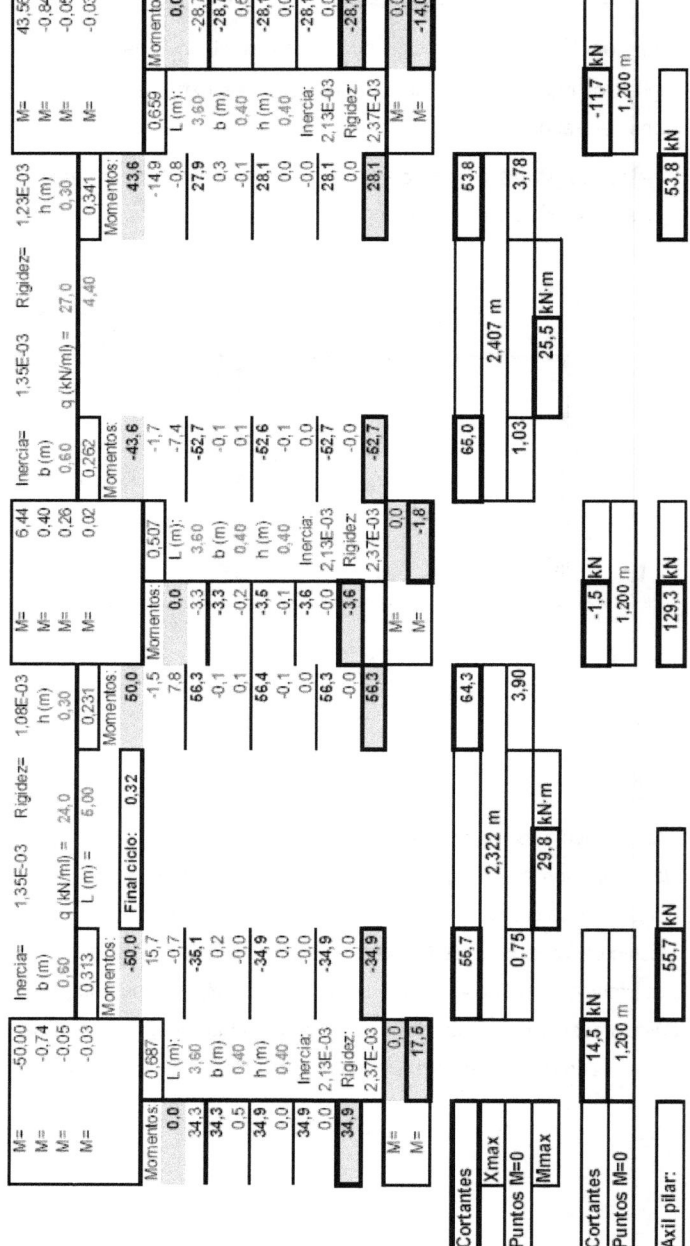

4.4. ANÁLISIS DE PÓRTICOS POR EL MÉTODO DE LA EH-91

4.4.1. Condiciones

El método simplificado que establecía el art. 52.2 de la Instrucción EH-91, debido al Prof. Jiménez Montoya y muy similar al del A.C.I. (American Concrete Institute), es válido siempre que se cumplan las condiciones siguientes:

a) Las cargas son sólo verticales y uniformemente repartidas con igual valor por unidad de longitud en todos los tramos de cada planta;

b) La carga variable no es superior a la mitad de la carga permanente;

c) Las piezas de cada vano son de sección constante;

d) Las luces de dos vanos adyacentes cualesquiera no difieren entre sí en más del 20% de la luz del mayor.

4.4.2. Procedimiento.

Siguiendo las indicaciones de los esquemas se calculan los momentos en los extremos de cada barra y en el vano de cada viga, diferenciando entre la planta última y las restantes. Los casos pueden ser los siguientes, tanto para pórticos de dos tramos como para pórticos de tres o más vanos:

a) En el caso de la última planta, se asumen los valores tal cual, en función de la carga y de la luz de cada vano.

b) Cuando existen plantas por encima, cabe distinguir varios casos, según la casuística siguiente de rigideces relativas entre pilares R_p y vigas R_v de la planta:

    1) $R_p/R_v = 1/3$

    2) $R_p/R_v = 1/2$

    3) $R_p/R_v = 1/1$

    4) $R_p/R_v = 2/1$

    5) $R_p/R_v = 3/1$

En estas condiciones podrán adoptarse como valores de los momentos flectores en las vigas los que se indican en los esquemas siguientes. Algunos de los momentos flectores difieren ligeramente de los originales que figuran en el "Jiménez Montoya" con el fin de compatibilizar el equilibrio de los nudos.

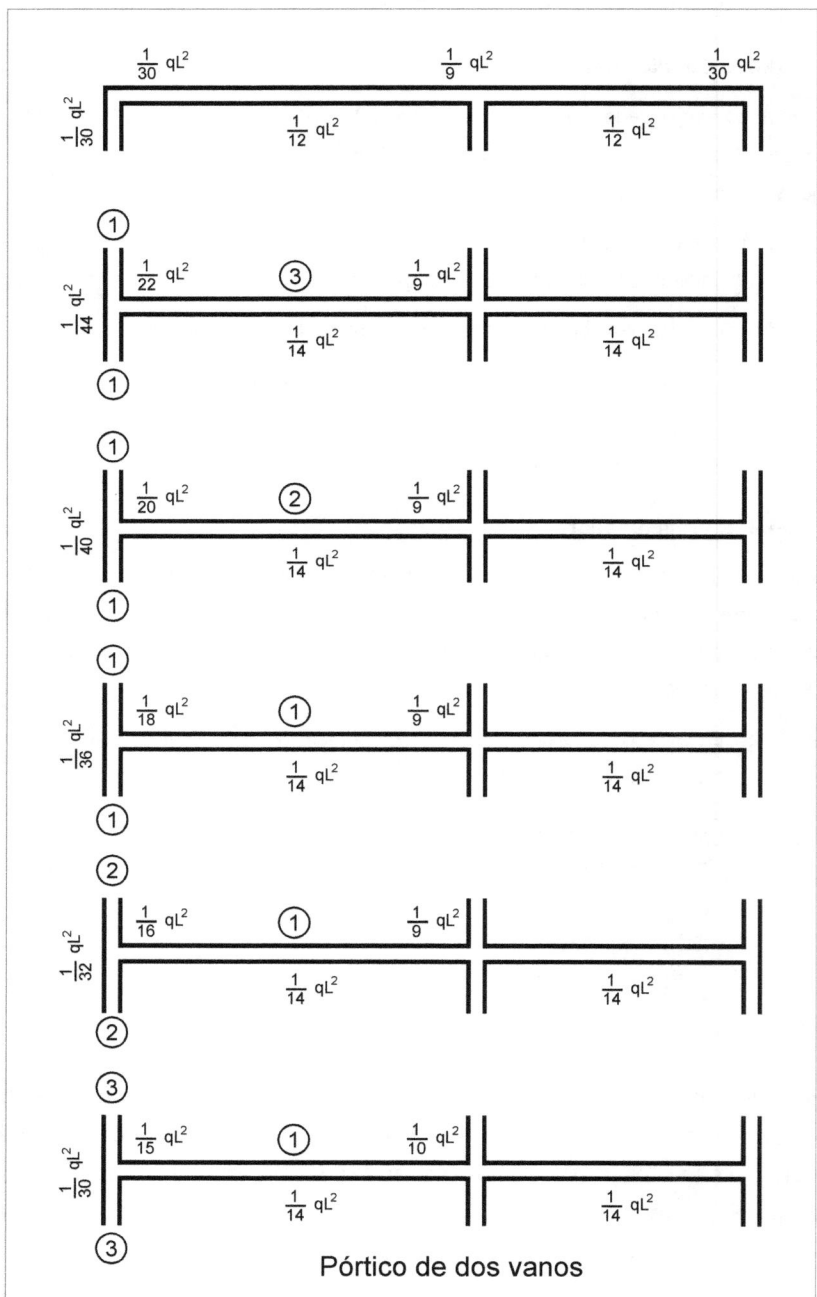

Pórtico de dos vanos

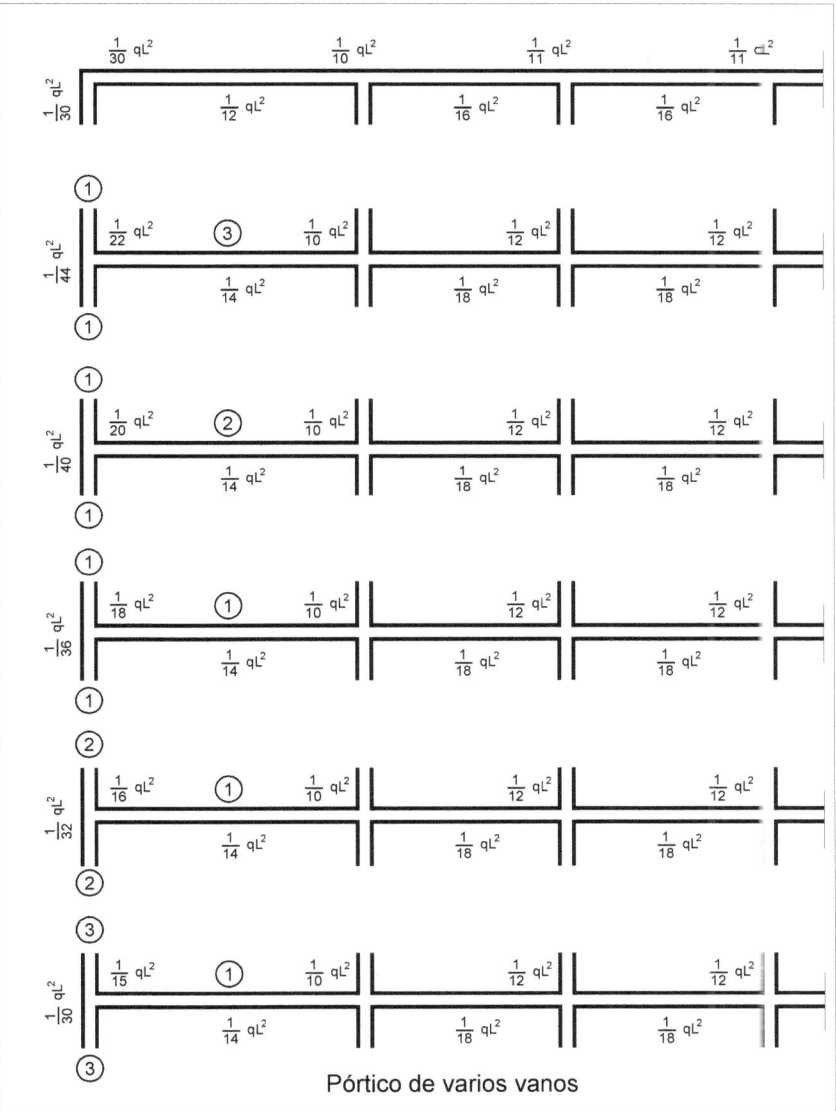

Pórtico de varios vanos

Para estimar las rigideces relativas se puede utilizar el ábaco que figura en la página siguiente.

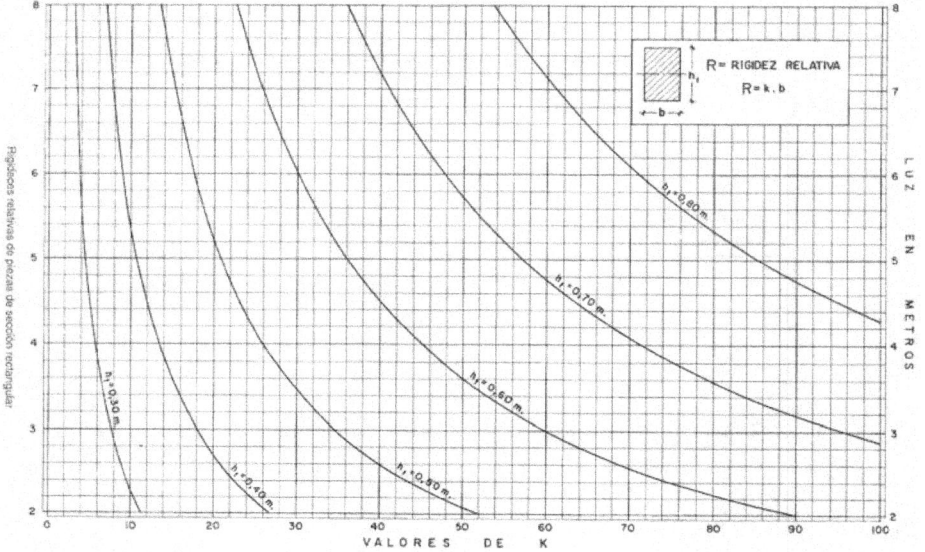

4.4.3. Resultados

Posibilidad de simplificar los cortantes: Una vez se han calculado todos los momentos, se pueden adoptar como valores del cortante en los extremos de las vigas los siguientes, siempre que no se analicen las mismas tramo a tramo:

- $V = 0,85 \cdot q \cdot l/2$ sobre los soportes extremos.

- $V = 1,15 \cdot q \cdot l/2$ sobre el soporte interior de vanos extremos.

- $V = q \cdot l/2$ en general sobre el resto de soportes.

Otros criterios

No es necesario considerar esfuerzos cortantes en los soportes ni esfuerzos axiles en las vigas.

Los axiles en pilares se calcularán por superposición de los cortantes que actúan a los lados del soporte.

Cuando la estructura tenga una aproximada simetría de geometría y cargas, no se considerarán flexiones en los soportes internos.

4.5. ANÁLISIS DE PÓRTICOS POR EL MÉTODO DE JIMÉNEZ MONTOYA

4.5.1. Método de cálculo

El siguiente método, debido también a Jiménez Montoya y basado, en parte, en el método de Cross, puede emplearse para el cálculo de pórticos múltiples, cualquiera que sean las luces y sobrecargas, con forjados hormigonados simultáneamente a las vigas.

El método de cálculo es el siguiente:

1) se determinan las rigideces de las piezas disminuyendo en un 10% las de los pilares de la última planta y las vigas extremas;

2) se calculan los coeficientes de reparto en cada nudo, como en el método de Cross;

3) se determinan los momentos de empotramiento perfecto M_0 y se disminuyen en un 10%;

4) se calculan los momentos en los extremos de las barras repartiendo proporcionalmente a los coeficientes de reparto, pero no se efectúan transmisiones de momentos.

4.5.2. Recomendaciones

Para este método se hacen las siguientes recomendaciones:

➢ Cuando hay voladizo es necesario transmitir el momento que absorbe la viga al nudo inmediato al extremo.

➢ Cuando las sobrecargas sean importantes o las luces muy desiguales, se estudiarán por separado los efectos de las cargas permanentes y los de las sobrecargas, para obtener las leyes de momentos envolventes más desfavorables.

➢ Para cargas permanentes más importantes que las sobrecargas, se reducirán en un 15% los correspondientes momentos de apoyo, con lo que los momentos de vano quedarán aumentados.

La ventaja que tiene este método, lo mismo que el de la EH-91, es que se puede efectuar el cálculo por cada planta de forma independiente.

4.6.   EJEMPLO: PÓRTICO POR EL MÉTODO DE JIMÉNEZ MONTOYA

Analizar por el método práctico de Jiménez Montoya el pórtico de la figura.

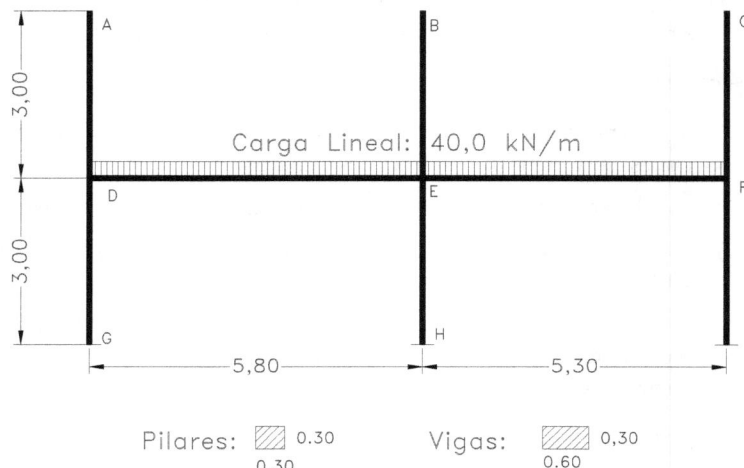

SOLUCIÓN

El método de cálculo es el comentado anteriormente:

- Determinación de las rigideces relativas de las piezas <u>disminuyendo en un 10%</u> las de ambas vigas extremas;
- Cálculo de los coeficientes de reparto en cada nudo;
- Cálculo del 90% de los momentos M_0 de empotramiento perfecto en las vigas;
- Determinación de los momentos en los extremos de todas las barras sin necesidad de efectuar transmisiones de momentos.

A continuación quedan reflejados los resultados de inercias, rigideces, coeficientes y momentos flectores en los extremos de vigas y pilares, así como los esfuerzos cortantes en las vigas y el momento positivo en el centro de las mismas.

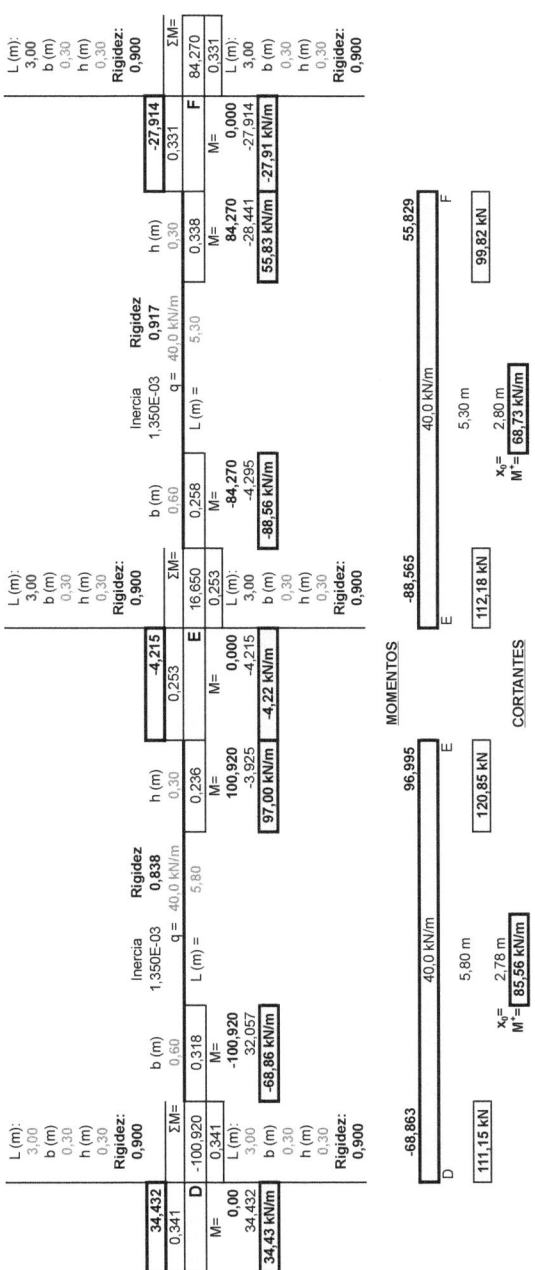

5. **LOS FORJADOS UNIDIRECCIONALES**

5.1. GENERALIDADES

El forjado es el elemento resistente superficial que enlaza las diferentes partes de una estructura, entre las que distribuye las cargas que recibe.

Cumple además la función de separar las distintas plantas del edificio y desempeña funciones de aislamiento entre plantas y de soporte de acabados y tabiquería.

El forjado cumple las siguientes funciones estructurales:

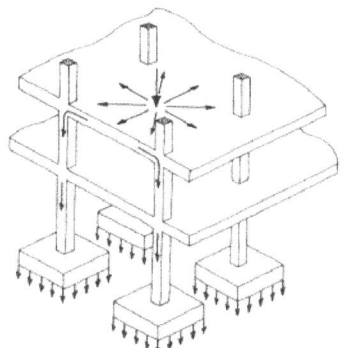 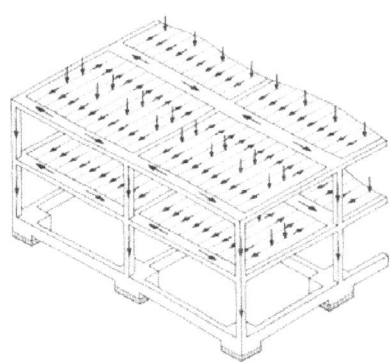

- Soportar las acciones gravitatorias debidas al peso propio, a la carga permanente y a las sobrecargas, de manera que las transmitan a los elementos sustentantes sobre los que se apoya (vigas, muros y soportes).

La distribución de las cargas sobre el forjado puede diferir mucho del modelo de distribución uniforme que se suele suponer. Una sobrecarga uniforme puede ser correcta como valor medio, pero en realidad existirán zonas del forjado muy sobrecargadas y otras muy descargadas. Estas irregularidades se compensan al transmitir las cargas a las vigas, de manera que en éstas y en los soportes las condiciones serán próximas a las teóricas. Pero en el forjado habrá zonas en condiciones de carga más desfavorables, lo que hace que sea el elemento más vulnerable de la estructura y al que hay que prestar gran atención.

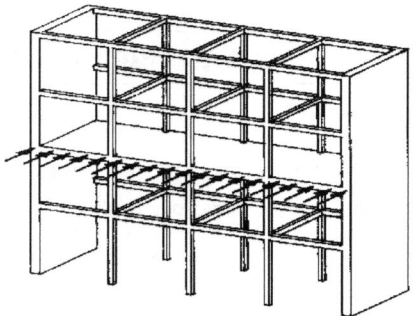

- Recoger, y distribuir entre los soportes, las fuerzas que actúan sobre el edificio en dirección paralela al plano del forjado.

  Existen acciones como el viento, el sismo, el empuje de tierras transmitido por los muros de un sótano, ante las que el forjado debe actuar como una viga de gran canto que transmite sus efectos a los soportes.

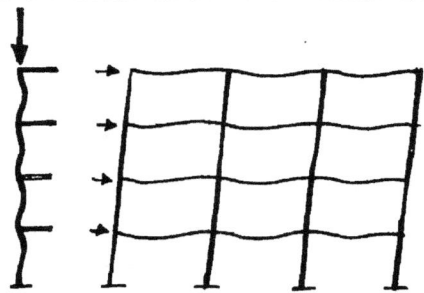

- Arriostrar los distintos pórticos. Una estructura formada por pórticos paralelos sin ningún enlace entre ellos sería inestable, funcionando como un "castillo de naipes", ya que nada se opondría a su abatimiento. Además la esbeltez de los soportes en el plano de pandeo normal al del pórtico sería enorme. Si los forjados se empotran en las vigas, cualquier inclinación de los pórticos introducirá flexiones en los forjados, que se opondrán así a que el abatimiento progrese.

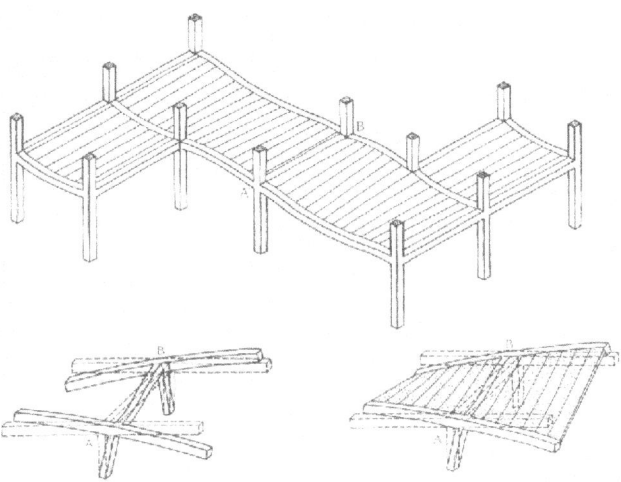

Colaboración del forjado en el mecanismo resistente de torsión de las vigas.

- Ayudar a las vigas a soportar sus torsiones. El giro de las secciones de las vigas torsionadas produce flexiones en los forjados empotrados en ellas, los cuales incorporan su rigidez a flexión a la rigidez de torsión de las vigas.

5.2. TIPOLOGÍA DE LOS FORJADOS

En principio podemos considerar tres grandes grupos:

5.2.1. Forjados prefabricados

Son los constituidos por piezas prefabricadas autorresistentes, es decir capaces por sí solas de resistir la totalidad de esfuerzos a que estará sometido el forjado. Pueden llevar, o no, piezas de entrevigado.

Dentro de los forjados prefabricados están los de viguetas con piezas de entrevigado (bovedillas) y los de piezas de mayor ancho (losas huecas, casetones o nervios en T adosados). Las viguetas suelen ser de hormigón armado o pretensado, y según la Instrucción, estos forjados, además del hormigón de relleno, deben llevar una losa superior o capa de compresión.

La principal ventaja de este tipo de forjados es su sencillez constructiva, reduciendo al mínimo las operaciones en obra. Se suelen emplear donde no puede conseguirse un buen hormigón in situ. Su inconveniente está en el reducido monolitismo y su pequeña rigidez transversal.

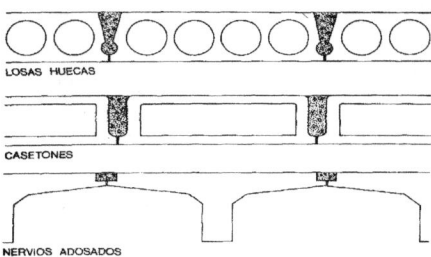

5.2.2. Forjados semiprefabricados

En éstos las piezas prefabricadas aportan una resistencia parcial, que debe completarse con hormigón in situ para que el forjado pueda soportar todas las cargas.

El principal tipo de este grupo es el forjado de semiviguetas, que pueden ser de hormigón pretensado o armado.

Estas piezas cumplen distintas funciones según la fase de construcción:

- durante la ejecución del forjado deben resistir por flexión, con ayuda o no de sopandas intermedias, su propio peso, el de las piezas de entrevigado y el del hormigón fresco vertido sobre ellas;

- cuando este hormigón ha adquirido suficiente resistencia, los elementos prefabricados pasan a ser el cordón traccionado del forjado compuesto.

Estos forjados tienen un monolitismo suficiente para colaborar en el arriostramiento de los pórticos y en la transmisión de las acciones horizontales, gracias a la importante losa de hormigón que se extiende sobre las semiviguetas y bovedillas.

Conservan además la facilidad constructiva de los forjados prefabricados, aunque a veces sea necesaria la colocación de sopandas que dividan la luz del forjado durante su ejecución. Son, por ello, los preferidos actualmente en edificación.

Dentro de este grupo se pueden incluir los forjados formados por una losa de hormigón vertido in situ sobre unas chapas grecadas de acero o unas placas de hormigón armado o pretensado, que sirven de encofrado y luego funcionan como armadura inferior o zona traccionada del forjado.

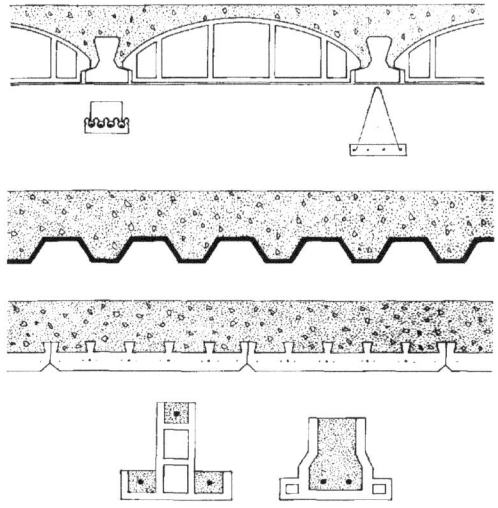

5.2.3. Forjados in situ.

Son losas de hormigón totalmente formadas in situ. Pueden ser macizas o nervadas. Las nervadas suelen ser preferidas, ya que, a igualdad de canto, necesitan menos hormigón.

Las losas macizas pueden trabajar a flexión en cualquier dirección en función de las armaduras y de las condiciones de apoyo. Las losas nervadas trabajan a flexión en las direcciones de sus nervios. Pueden ser unidireccionales o bidireccionales si sus nervios forman una retícula en dos direcciones ortogonales (forjados reticulares).

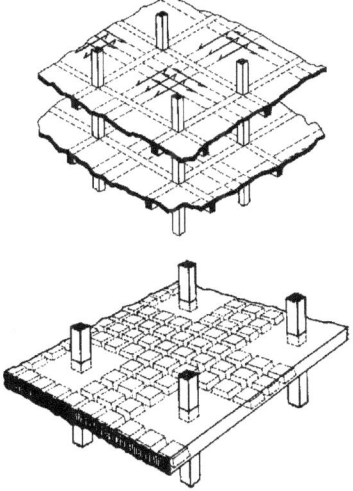

Para la formación de los nervios se usan piezas aligerantes que quedan incorporadas a la losa, o bien moldes recuperables, con lo que la losa queda más ligera, aunque se pierde la planeidad del intradós.

Este grupo de forjados presenta el mayor monolitismo de los tres, aunque también supone una mayor dificultad constructiva. Es el forjado de elección para grandes luces y cargas importantes.

Otro tipo de losa que se puede citar en este grupo es la losa translúcida, formada por piezas de vidrio que trabajan a compresión entre una retícula de nervios de hormigón que contienen la armadura.

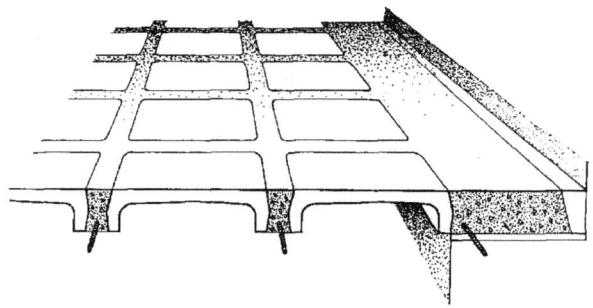

5.3. DISEÑO DEL FORJADO

5.3.1. Elección del forjado

Aparte de las condiciones de tipo económico como pueden ser la posibilidad de conseguir elementos prefabricados en la zona, conseguir un hormigón adecuado con los medios, materiales y mano de obra disponible y el coste del forjado, es necesario tener en cuenta las exigencias de tipo estructural (cargas, luces, deformaciones, viento, sismo), las necesidades de proyecto (vigas planas o de canto, importancia de los voladizos, huecos, planeidad del intradós) y las condiciones de aislamiento (acústico, térmico, estanqueidad y resistencia al fuego). De esta manera:

1)   Los forjados prefabricados se utilizarán solamente cuando las condiciones de arriostramiento y absorción de fuerzas en su plano no sean decisivas. En el caso de vigas planas, estos tipos de forjado son los menos aconsejables. Además son los que presentan el menor grado de aislamiento de todo tipo y no aseguran la ausencia de fisuras longitudinales en el guarnecido inferior.

2)   Los forjados semiprefabricados dan una buena respuesta a la necesidad de arriostramiento y absorción de fuerzas en su plano (acciones horizontales). Permiten, mejor que los prefabricados, la consecución de techos sin vigas descolgadas. El

inconveniente que tienen es la heterogeneidad de la sección compuesta, con el riesgo de deslizamientos en la unión entre los diferentes materiales (hormigón prefabricado y hormigón in situ).

3) <u>Los forjados in situ</u> son los que mejor responden al conjunto de exigencias, dando además la máxima libertad de diseño. Al no contar con las ventajas de la prefabricación, su empleo se suele reservar para los casos en que los demás grupos no pueden cumplir con determinadas condiciones, como cargas excepcionales, concentradas o variables, y cuando deben cubrirse luces que exceden de las longitudes comerciales.

Como norma general, cuanto menor sea la capacitación de la mano de obra, mayor deberá ser el grado de prefabricación a adoptar, especialmente en pequeñas obras en el medio rural. Los forjados de viguetas prefabricadas necesitan un mínimo de medios, pero ofrecen también un mínimo de prestaciones. Los forjados in situ ofrecen las mejores prestaciones a cambio de un mayor cuidado en su ejecución. El término medio, representado por los forjados de semiviguetas, suele ser con frecuencia la mejor solución en la mayoría de los casos.

5.3.2. Disposición en planta

- **Forjados unidireccionales.**

Es necesario establecer la dirección de trabajo, que corresponde a la de los nervios, ya sean viguetas, semiviguetas o cualquier otro elemento estructural. Para ello se señala esta dirección en cada zona mediante una doble flecha, aunque el forjado quedará mejor definido si se representan todos los nervios mediante líneas rectas, cuando se conoce la distancia de entrevigado. De esta forma se pueden definir mejor las soluciones en vuelos, huecos, zonas irregulares, bordes, etc.

Las zonas en voladizo pueden resolverse de varias maneras:

a) Volando las vigas, con lo que se admiten mayores cargas y luces al contar con un mayor canto y ofrecen un techo continuo entre la zona interior y la volada.

b) Volando el forjado, con lo que el borde puede ser más fino y su posición resulta independiente de los soportes. Resultan menos resistentes y son más deformables.

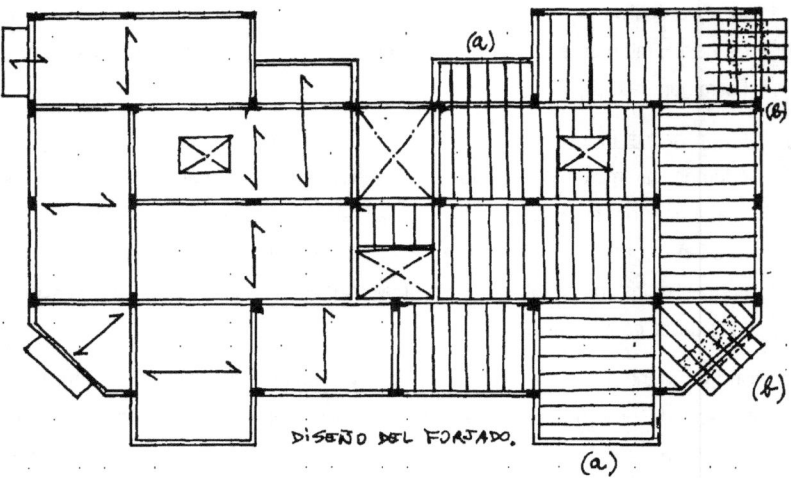

En voladizos cerrados pueden acusarse fisuras en la unión del cerramiento con el forjado superior, especialmente cuando éste tiene menos carga que el inferior.

- **Forjados bidireccionales.**

En el caso de losas macizas se pueden representar mediante una cruz de dobles flechas que señalan las direcciones principales de flexión.

Si se trata de losas nervadas, se dibuja la retícula de los nervios ortogonales y la disposición de ábacos (zonas macizadas) y huecos de forma esquemática o con el grafismo de los casetones correspondientes.

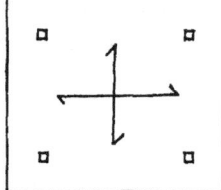
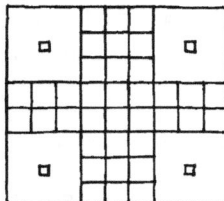
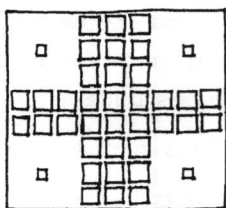

5.3.3. Luz de cálculo

Como luz de cálculo de los diferentes tramos de un forjado se tomará la menor de las dos longitudes siguientes:

a) La distancia entre ejes de los apoyos.

b) La luz libre más el canto del forjado.

Naturalmente, se aplicará la distancia entre ejes cuando el ancho de los apoyos sea menor o igual que el canto del forjado, mientras que se aplicará el caso b) cuando los muros de apoyo tengan un grueso mayor que el canto del forjado.

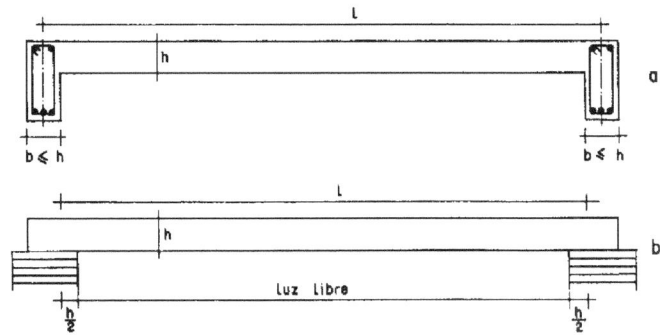

Cuando el forjado se sustente en vigas planas, de ancho muy superior a los soportes, se considerará como elemento de apoyo el soporte.

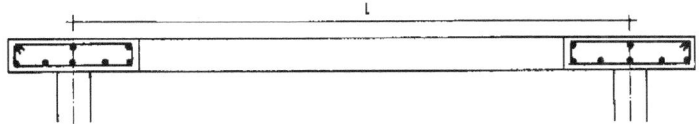

5.4.   LOS PROCEDIMIENTOS DE ANÁLISIS

Las condiciones teóricas de apoyo simple y empotramiento perfecto se dan rara vez en la realidad. Los extremos de los forjados se deben enlazar de alguna forma con sus elementos sustentantes. Estos enlaces coartan en parte la libertad de giro de los extremos, ya que en la realidad no existe el apoyo perfecto. Además las secciones más solicitadas pueden presentar plastificaciones, por lo que la distribución de momentos difiere de la hipótesis del comportamiento elástico.

En las piezas de hormigón, las zonas menos armadas se deforman más, produciéndose una redistribución de momentos que se adapta a las condiciones resistentes de la pieza. En teoría cualquier armado puede ser válido siempre que entre la armadura superior y la inferior se cubra todo el momento isostático. En la práctica esta redistribución de momentos está limitada por la capacidad de deformación de las secciones.

Se pueden utilizar <u>tres procedimientos distintos</u> para el análisis de las solicitaciones en los estados límite último:

5.4.1. Análisis lineal en régimen elástico

Se considera la distribución de momentos como en una viga de inercia constante, continua sobre sus apoyos, en régimen elástico.

- Sobre los tramos finales se supone inicialmente nulo el momento en el apoyo extremo para determinar el momento positivo en el vano, pero se preverá la posibilidad de que en dicho extremo aparezca un momento negativo igual a $0,25 \times M^+$, siendo M^+ el momento máximo positivo en el vano.

- Si el forjado tiene tramos volados, el momento negativo sobre el último apoyo será el que corresponda a la luz y carga del voladizo, en función de la hipótesis de carga correspondiente, pero su valor máximo será al menos igual a $0,25 \times M^+$, siendo M^+ el máximo momento positivo en el vano adyacente.

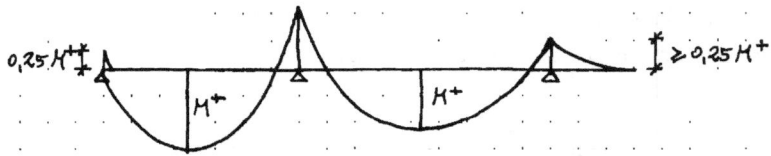

El análisis de la distribución de momentos puede efectuarse con el <u>método de Cross</u> o cualquier otro basado en el régimen lineal elástico.

5.4.2. Análisis lineal con redistribución limitada

El segundo procedimiento previsto por la Instrucción es el de la redistribución de momentos definida en el apartado 19.2.3 de la EHE-08, que se encontraba explicado en los Comentarios al apartado 21.4 de la anterior normativa EHE, consistente en reducir en un 15% los momentos negativos obtenidos por el procedimiento anterior, con el aumento consiguiente de los momentos positivos.

Gráficamente supone subir la recta que separa los momentos positivos de los negativos una distancia equivalente al 15% del momento negativo de cada extremo o, lo que es lo mismo, bajar la curva de momentos igual distancia.

Esta redistribución sólo es válida para unas profundidades de la fibra neutra inferiores a $0,45 \times d$ (siendo **d** el canto útil del forjado) en las secciones de los apoyos.

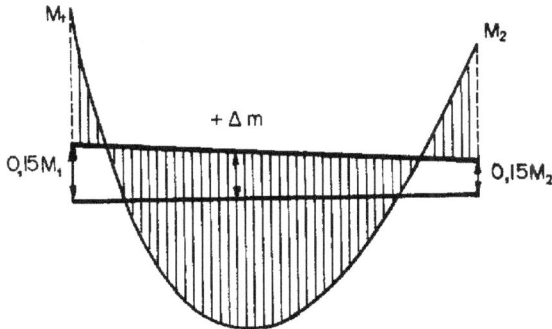

5.4.3. Método simplificado de la Instrucción

Como alternativa a estos dos procedimientos, las distintas instrucciones de forjados, desde la EF-88, la EF-96 y la EFHE, han ofrecido un tercero, específico para los forjados, que la Instrucción EHE-08 recoge en su Anejo 12 y que se resume de la siguiente manera:

En la gráfica básica de la figura siguiente, que refleja los momentos flectores de cada tramo, se calculan los momentos para la carga total de acuerdo con los siguientes criterios:

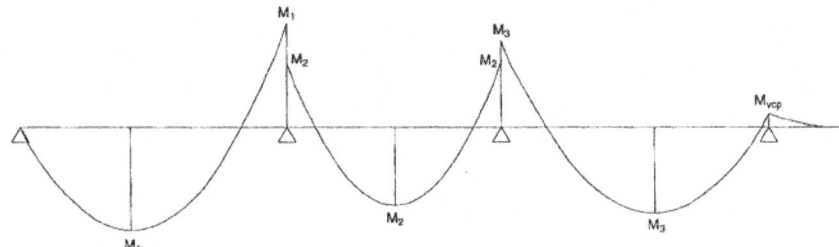

Se trata de un análisis tramo a tramo, por lo que se hace innecesario cualquier cálculo de redistribución de momentos por los métodos vistos hasta ahora.

- En los tramos extremos se considerarán iguales los momentos positivos en el vano y negativos en el apoyo interior (M_1 o M_3, según sea el caso).

- Para cada tramo intermedio se toman momentos positivos en el vano iguales a los momentos negativos en los apoyos (M_2), equivalentes a la mitad del momento isostático M_0.

- En los apoyos extremos se toma el momento igual a cero si no hay voladizo y el negativo que le corresponda debido a las cargas permanentes (M_{vcp}) si existe voladizo.

Los valores de M_1, M_2 y M_3 para cargas repartidas obtenidos analíticamente son:

$$M_1 = \left(1,5 - \sqrt{2}\right) p_1 l_1^2$$

$$M_2 = \frac{p_2 L_2^2}{16}$$

$$M_3 = \left(1,5 + \frac{M_v}{p_3 l_3^2} - \sqrt{2 + \frac{4\,M_v}{p_3 l_3^2}}\right) p_3 l_3^2$$

5.4.4. Diagrama definitivo de momentos a partir de la gráfica básica

En los apoyos exteriores sin voladizo se tomará un momento negativo igual a ¼ del momento positivo (¼ M_1) del tramo adyacente calculado.

En los apoyos en voladizo se tomará un momento negativo igual al de empotramiento debido a la carga total (M_v), a no ser que su valor sea inferior a ¼ M_3.

En los apoyos interiores se tomará el mayor de los momentos positivos de los tramos adyacentes que llegan al apoyo.

La gráfica envolvente de momentos flectores se obtiene superponiendo a la gráfica básica la gráfica de los momentos flectores de las cargas permanentes de cada tramo, trazada a partir de los momentos negativos considerados en los correspondientes apoyos.

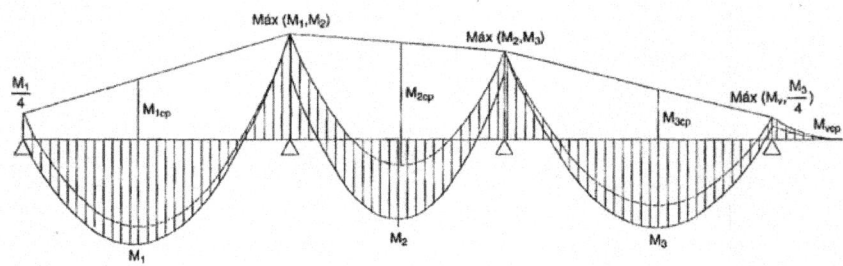

Como esfuerzos cortantes se toman los que correspondan a los momentos flectores de la figura anterior.

5.5. EL MÉTODO DE CROSS PARA FORJADOS

La metodología y las definiciones básicas son las mismas que las que ya se han visto en el caso de los pórticos planos con la simplificación de que en este caso, al tratarse de un elemento unidireccional (se trata de un caso de viga continua sobre varios apoyos), los nudos reciben solamente 2 barras, que corresponden a los vanos que acometen al elemento de sustentación.

En este caso vamos a hacer uso de un ejemplo para ver directamente la aplicación del método a un forjado unidireccional.

Consideremos un forjado de 4 vanos con luces L_1, L_2, L_3 y L_4 sobre apoyos A, B, C y D y rigideces R1, R2, R3 y R4, sometido a unas cargas uniformes q_1, q_2, q_3 y q_4 respectivamente.

Como los extremos son apoyos simples, su momento final será nulo y no se debe disponer casilla para anotar los momentos.

Las rigideces valen 3EI/L en los vanos extremos y 4EI/L en los interiores, o números proporcionales. Lo más práctico es tomar valores proporcionales al inverso de las luces ya que el producto E·I sería constante para todo el forjado.

a) Los valores R_i se escriben en el centro de cada vano encerrados en un círculo.

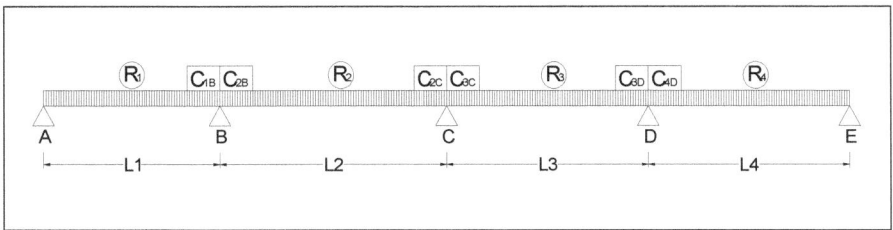

b) En los extremos concurrentes en el nudo interior de cada pieza se escribe el coeficiente de reparto, cociente entre la rigidez de la pieza y la suma de rigideces de las dos piezas que concurren en el nudo, es decir:

$$C_{IB} = \frac{R_I}{R_I + R_2} \; ; \; C_{2B} = \frac{R_2}{R_I + R_2} \; ; \; C_{2C} = \frac{R_2}{R_2 + R_3} \; ; \; C_{3C} = \frac{R_3}{R_2 + R_3} \; ; \; C_{3D} = \frac{R_3}{R_3 + R_4} \; ; \; C_{4D} = \frac{R_4}{R_3 + R_4}$$

c) Se calculan los momentos de empotramiento perfecto M_0 y se escriben en las casillas debajo de los coeficientes de reparto. En los vanos extremos los valores de M_0 valen

$q \times L^2/8$ y en los internos valen $q \times L^2/12$. El signo de estos momentos será negativo en los extremos izquierdos y positivos en los extremos derechos de cada pieza.

d) En cada nudo se suman los valores M_0 de las dos barras, y el resultado cambiado de signo se multiplica por cada coeficiente C_i, dando lugar a los valores M_1 de momentos repartidos.

e) Después se transmite desde cada extremo la mitad de M_1 al extremo opuesto del mismo vano. A estos valores los llamamos M_2. En los vanos extremos este valor será nulo, ya que los nudos extremos no tienen momento que transmitir.

A continuación se calcula en cada nudo la suma de momentos y se repiten los dos pasos anteriores hasta obtener la precisión requerida.

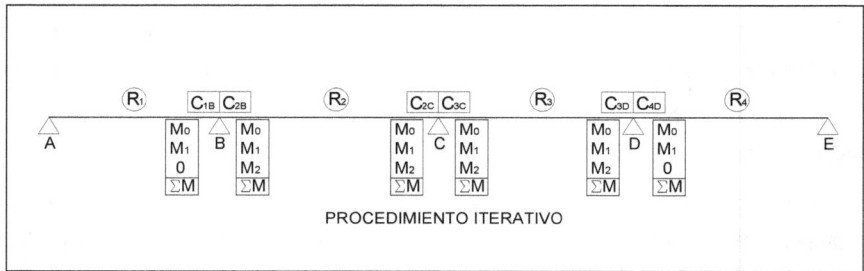
PROCEDIMIENTO ITERATIVO

El cálculo se termina siempre después de la fase de d) reparto por coeficientes.

5.6.   DIMENSIONAMIENTO DE FORJADOS

5.6.1. La capa de compresión

Para dotar al forjado de rigidez suficiente, es necesario disponer de una losa superior o "capa de compresión" que asegure la continuidad en la transmisión de esfuerzos a través del conjunto formado por viguetas y piezas de entrevigado.

El Artículo 59º de la EHE-08, en su apartado 59.2.1, Condiciones geométricas [de los forjados unidireccionales], establece los requisitos que debe cumplir la sección transversal de un forjado, ilustrados por la figura que adjuntamos a continuación, y que se pueden resumir en los siguientes:

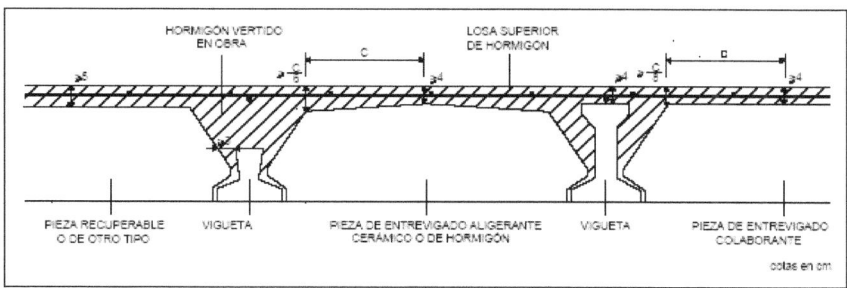

a) Disponer de una losa superior hormigonada en obra, cuyo espesor mínimo h_o, será:

- de 40 mm sobre viguetas, piezas de entrevigado cerámicas o de hormigón (resistentes) y losas alveolares pretensadas y

- 50 mm sobre piezas de entrevigado de otro tipo (aligerantes) o sobre cualquier tipo de pieza de entrevigado en el caso de zonas con aceleración sísmica de cálculo mayor que 0,16·g.

   En forjados de losas alveolares pretensadas, excepto cuando existan acciones laterales importantes o cargas concentradas importantes, puede prescindirse de la losa superior hormigonada en obra siempre que se justifique adecuadamente el cumplimiento de los Estados Límite Últimos y de Servicio. En este caso, para asegurar el trabajo conjunto de las losas y la transmisión transversal de cargas (sobre todo cuando existan cargas puntuales o lineales), se dispondrá un atado en la zona de unión de las losas a las vigas principales o muros.

b) El perfil de la pieza de entrevigado será tal que a cualquier distancia c de su eje vertical de simetría, el espesor de hormigón de la losa superior hormigonada en obra no será menor que

- c/8 en el caso de piezas de entrevigado colaborante y

- c/6 en el caso de piezas de entrevigado aligerantes

c) En el caso de forjados de viguetas sin armaduras transversales de conexión con el hormigón vertido en obra, el perfil de la pieza de entrevigado dejará a ambos lados de la cara superior de la vigueta un paso de 30 mm, como mínimo.

5.6.2. Método gráfico de dimensionamiento de forjados

Este método gráfico a base de ábacos como el que reflejamos en la página siguiente, se debe a tres profesores de Arquitectura Técnica de Galicia y tiene la ventaja de ser válido para todos los tipos de forjado que deben cumplir con la Instrucción.

Con él podemos estimar tres incógnitas distintas de los forjados cuando estamos predimensionando:

1) La luz máxima que puede admitir un forjado de cualquier tipo con un determinado canto y sometido a una carga total prevista.

2) El canto mínimo que debemos prever según la carga total a la que estará sometido y la luz de los vanos.

3) La carga máxima que puede admitir conociendo el canto del forjado y las luces de los vanos.

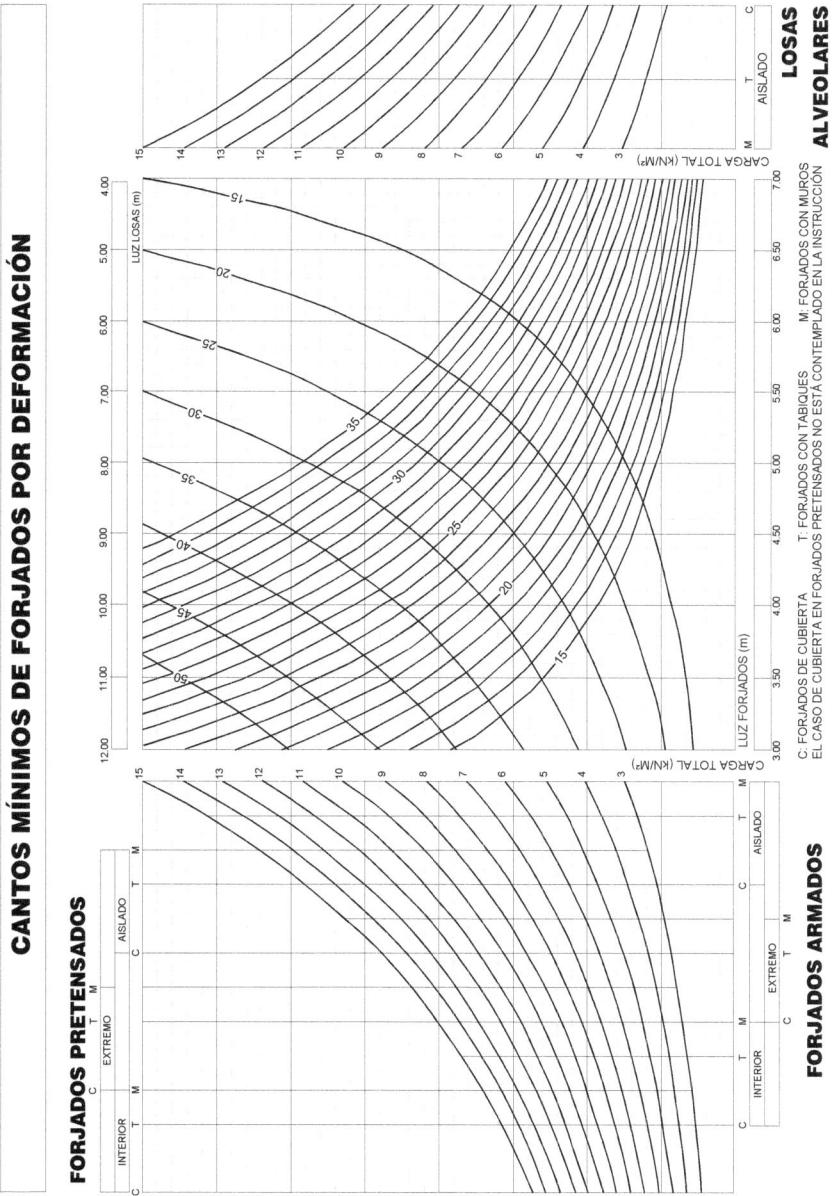

CANTOS MÍNIMOS DE FORJADOS POR DEFORMACIÓN

FORJADOS PRETENSADOS

FORJADOS ARMADOS

LOSAS ALVEOLARES

C: FORJADOS DE CUBIERTA
EL CASO DE CUBIERTA EN FORJADOS PRETENSADOS NO ESTÁ CONTEMPLADO EN LA INSTRUCCIÓN

T: FORJADOS CON TABIQUES
M: FORJADOS CON MUROS

5.6.3. Piezas de entrevigado

La definición y las características mecánicas de las piezas de entrevigado (bovedillas) se establece en la Instrucción española, en el **Artículo 36º**, Piezas de entrevigado en forjados, dentro del Capítulo 6. Materiales, de la siguiente manera:

"Una pieza de entrevigado es un elemento prefabricado con función aligerante o colaborante destinada a formar parte, junto con las viguetas o nervios, la losa superior hormigonada en obra y las armaduras de obra, del conjunto resistente de un forjado.

Las piezas de entrevigado colaborantes pueden ser de cerámica o de hormigón u otro material resistente. Su resistencia a compresión no será menor que la resistencia de proyecto del hormigón vertido en obra con que se ejecute el forjado. Puede considerarse que los tabiquillos de estas piezas adheridas al hormigón forman parte de la sección resistente del forjado.

Las piezas de entrevigado aligerantes pueden ser de cerámica, hormigón, poliestireno expandido u otros materiales suficientemente rígidos. Las piezas cumplirán con las condiciones establecidas a continuación:

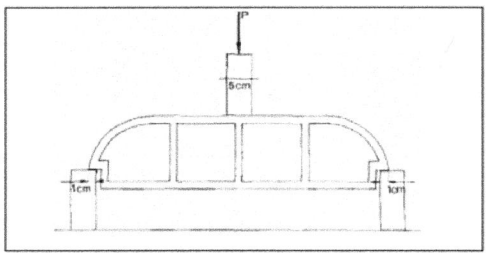

—   "La carga de rotura a flexión para cualquier pieza de entrevigado debe ser mayor que 1,0 kN, determinada según normas UNE 53981 para piezas de poliestireno expandido y según UNE 67037 para piezas de otros materiales.

—   En piezas de entrevigado cerámicas, el valor medio de la expansión por humedad, determinado según UNE 67036, no será mayor que 0,55 mm/m, y no debe superarse en ninguna de las mediciones individuales el valor de 0,65 mm/m. Las piezas de entrevigado que superen el valor límite de expansión total podrán utilizase, no obstante, siempre que el valor medio de la expansión potencial, según la UNE 67036, determinado previamente a su puesta en obra, no sea mayor que 0,55 mm/m.

— El comportamiento de reacción al fuego de las piezas que estén o pudieran quedar expuestas al exterior durante la vida útil de la estructura, cumplirán con la clase de reacción al fuego que sea exigible. En el caso de edificios, deberá ser conforme con el apartado 4 de la sección SI.1 del Documento Básico DB SI, Seguridad en caso de incendio, del Código Técnico de la Edificación, en función de la zona en la que esté situado el forjado. Dicha clase deberá esta determinada conforme a la norma UNE EN 13501-1 según las condiciones finales de utilización, es decir, con los revestimientos con los que vayan a contar las piezas. Las bovedillas fabricadas con materiales inflamables deberán resguardarse de la exposición al fuego mediante capas protectoras eficaces. La idoneidad de las capas de protección deberá ser justificada empíricamente para el rango de temperaturas y deformaciones previsibles bajo la actuación del fuego de cálculo".

5.6.4. Canto mínimo

Según la anterior Instrucción se deberá cumplir, para no tener que comprobar la flecha, con una expresión en función de la luz del forjado, la continuidad o no de los tramos, el tipo de forjado y la carga total soportada.

Las condiciones que se deben dar se basan en las siguientes hipótesis:

- en forjados de viguetas con luces menores de 7 metros

- y para sobrecargas no mayores que 4 kN/m2,

- no es preciso comprobar la flecha si el canto total es mayor que el dado por la siguiente fórmula en función de la carga q, de la luz L y de las condiciones de apoyo de los forjados: con la carga q en kN/m2 y la luz L en metros:

$$h = \frac{\delta_1 \delta_2 L}{C} \quad \text{siendo} \quad \delta_1 = \sqrt{\frac{q}{7}} \quad \text{y} \quad \delta_2 = \sqrt[4]{\frac{L}{6}}$$

El valor del coeficiente C se toma de la tabla adjunta.

Tipo de forjado		Tipo de tramo		
		Aislado	Extremo	Interior
Viguetas armadas	Con tabiques o muros	17	21	24
	Cubiertas	20	24	27
Viguetas pretensadas	Con tabiques o muros	19	23	26
	Cubiertas	22	26	29
Losas alveolares pretensadas	Con tabiques o muros	36	---	---
	Cubiertas	45	---	---

5.7.   ARMADO DE FORJADOS

En el caso de que los nervios estén constituidos por viguetas, la Instrucción exige que la armadura longitudinal de tracción sea de al menos dos barras por nervio con una sección total As por nervio que verifique la expresión siguiente.

$$A_s \geq 0,08 \frac{b_w\, h\, f_{cd}}{f_{yd}} \geq \begin{cases} 0,003\, b_w\, d \text{ para B-500S y SD} \\ 0,004\, b_w\, d \text{ para B-400S y SD} \end{cases}$$

siendo:

b_w el ancho mínimo del nervio

h el canto total del forjado

f_{cd} la resistencia de cálculo del hormigón

f_{yd} la resistencia de cálculo de la armadura.

Para el cálculo de las armaduras necesarias de refuerzo frente a momentos negativos en los apoyos del forjado, se puede establecer un método simplificado, que consiste en calcular la capacidad mecánica **U** de dichas armaduras en función del momento de cálculo **M$_d$** y del brazo mecánico **z** (equivalente a aproximadamente entre el 85% y el 90% del canto útil **d**).

$$U = \frac{M_d}{z} \cong \frac{M_d}{0,9\, d}$$

El criterio de armado que se proponía en la Instrucción de forjados EFHE-02, recogida también en la anterior EF-96, siempre que la sobrecarga de uso no supere los 3 kN/m^2 ni la tercera parte de la carga total, se refleja en el esquema adjunto.

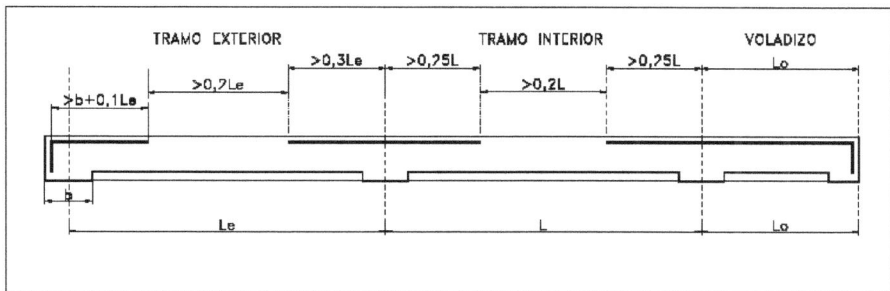

Además del criterio general anterior, la Instrucción señalaba las siguientes condiciones:

- Si la distancia entre extremos de barras en prolongación es inferior a $0,2 \cdot L$, los redondos se dispondrán continuos sobre el vano.

- Los redondos serán de igual longitud a ambos lados de los apoyos.

- Si los redondos son de distinto diámetro, el de mayor longitud será el de mayor diámetro, pudiendo reducirse la longitud del de menor diámetro en un 40%.

- Un tramo adyacente a un voladizo sólo se considerará interior si el momento negativo en el empotramiento del voladizo supera al 25% del momento positivo en el tramo.

- Si el tramo adyacente al voladizo no se puede considerar interior, la armadura se dispondrá como en un tramo exterior ($>30\% \cdot L_e$).

5.8.   EJEMPLO DE ARMADO DE UN FORJADO

1. Analizar el siguiente forjado calculando el valor de los momentos en apoyos y vanos, según el método de la Instrucción.

2. Calcular las armaduras de refuerzo de negativos mediante la expresión del brazo mecánico. (El acero considerado es B 500S).

3. Prever las longitudes de las armaduras de refuerzo en negativos según los llamados "métodos usuales de armado".

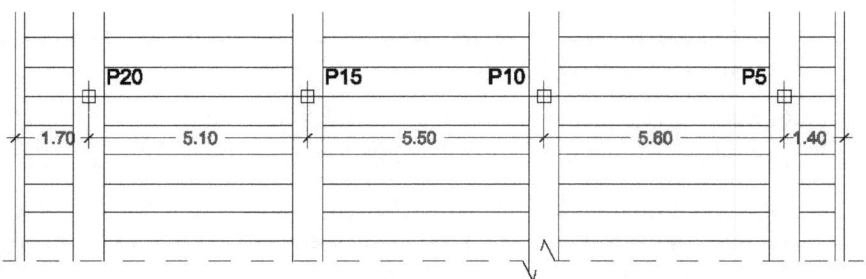

o **Datos**

Canto del forjado: 32 cm (27 + 5 cm), bovedilla de hormigón.

Recubrimiento superior: 30 mm.   Intereje viguetas: 70 cm.

- Peso propio del forjado: 3,80 kN/m2

- Cargas permanentes: 1,80 kN/m2

- Sobrecarga de uso: 2,00 kN/m2

- Sobrecarga de tabiquería: 1,00 kN/m2

- Carga lineal en punta de voladizos: 2,00 kN/m

o **Solución**

En la página siguiente vemos el esquema del proceso seguido.

Datos del problema: (Acero B500 S)

Canto del forjado:	32 cm
Recubrimiento:	3 cm
Intereje viguetas:	70 cm

Peso propio del forjado:	3,80 kN/m²
Cargas permanentes:	1,80 kN/m²
Sobrecarga de uso:	2,00 kN/m²
Sobrecarga de tabiquería:	1,00 kN/m²
Total carga superficial:	8,60 kN/m²

Md/ 0,90=Md/ 0,261   γ*= 1,5

q= 6,02 kN/ml

$$M_1 = (1,5-\sqrt{2})\,p_1 l_1^2$$

$$M_2 = \frac{p_2 l_2^2}{16}$$

$$M_3 = 1,5 + \frac{M_3}{p_3 l_3} - \sqrt{l_3^2 + \frac{4M_3}{p_3 l_3}}\; p_3 l_3$$

Dimensiones: 1,40 kN | 1,70 | 5,10 | 5,50 | 5,60 | 1,40 | 1,40 kN

Vuelo izquierdo: (Mv) = 11,08 ; M3= 9,36

Vuelo derecho: (Mv) ; M3= 13,16

Momentos isostáticos (Mi)	11,1		19,6		22,8			23,6			7,9
Identificación	Mv	M₃/4	M₃	M₃	M₂	M₂	M₂	M₃	M₃	M₃/4	Mv
Momentos iniciales	11,08	2,34	9,36	9,36	11,38	11,38	11,38	13,16	13,16	3,29	7,86
Momentos definitivos (M)	11,08		9,36		11,38			13,16			7,86
Momentos de cálculo (Md)	16,62		14,04		17,07	17,07		19,74	19,74		11,79
Capacidad mecánica (U)	63,67		65,41			75,64					45,17
Coeficientes de longitud	1,00	0,25	0,20	0,25	0,25	0,20	0,25	0,25	0,20		1,00
Longitudes teóricas (m)	1,70	1,28	1,02	1,38	1,10		1,12	1,40			1,40
Longitudes reales (m)	3,40		2,80		2,80			2,80			2,80

Armaduras adoptadas: 2 Φ 12 | 2 Φ 12 | 2 Φ 12 | 2 Φ 12 | 2 Φ 10

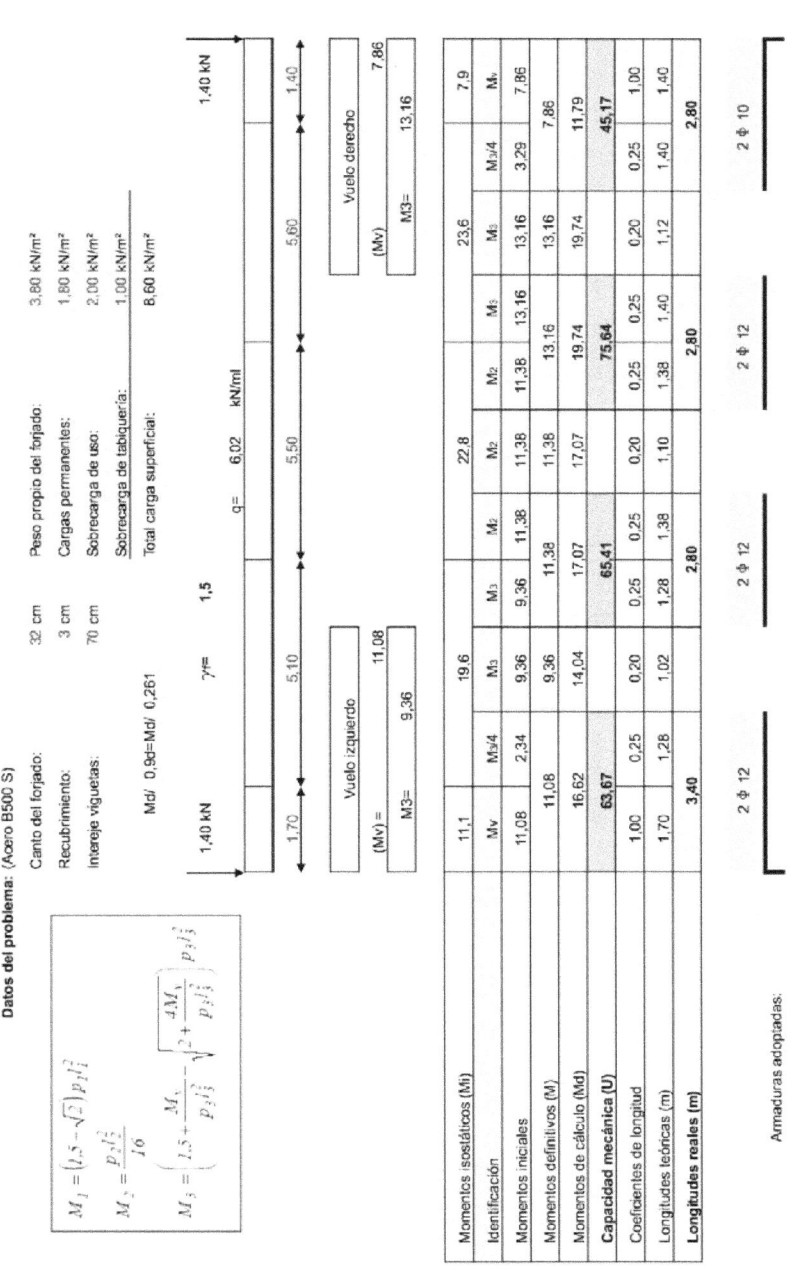

5.9. EJECUCIÓN DE LOS FORJADOS

En general, la puesta en obra de los elementos que conforman un forjado, consta de las siguientes operaciones:

1) Acopio de los elementos

2) Realización de encofrados y apuntalamientos

3) Colocación de viguetas y bovedillas

4) Colocación de armaduras

5) Puesta en obra del hormigón

6) Desapuntalado y desencofrado.

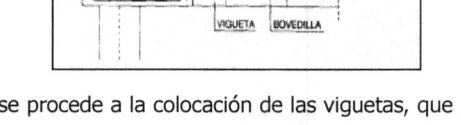

Una vez dispuesto el encofrado y sus apeos, se procede a la colocación de las viguetas, que se situarán en su posición empleando una bovedilla en cada extremo, a modo de patrón.

Cuando se trate de forjados continuos, las viguetas se dispondrán enfrentadas, admitiéndose una desviación no superior a la distancia entre testas. La desviación entre forjado y voladizo en continuidad no debe ser superior a los 5 cm.

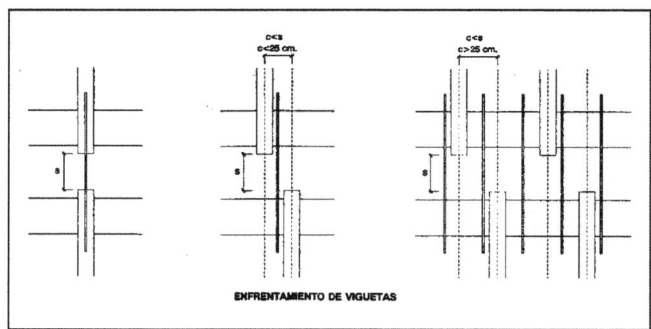

ENFRENTAMIENTO DE VIGUETAS

5.9.1. Enlace por entrega

Para mejorar el enlace en los extremos, conviene disponer el primer bloque aligerante a una distancia no inferior a los 10 cm de la cara del elemento sustentante, o emplearse una bovedilla más baja.

La entrega de los nervios al elemento sustentante puede hacerse directa o indirectamente.

La entrega se realiza directamente cuando las dimensiones del elemento sustentante lo permiten (zunchos o cadenas sobre muros de carga, o vigas descolgadas). La entrega suele ser de 4 a 6 cm. La armadura inferior debe anclarse en la sustentación en una longitud de al menos 10 cm si el elemento sustentante es exterior, o 6 cm si es interior con continuidad.

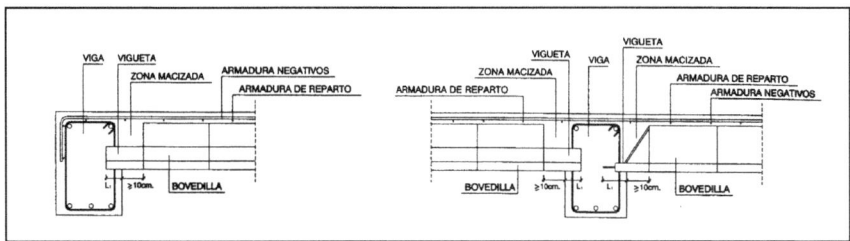

5.9.2. Enlace indirecto

Cuando la configuración del elemento sustentante no permite la entrega directa de la vigueta (caso de vigas planas), la entrega será indirecta y se tratará constructivamente de un modo particular. El anclaje de las armaduras de la vigueta es similar al caso anterior, pero debe medirse desde el plano de estribos de la viga de sustentación y no desde la cara de apoyo.

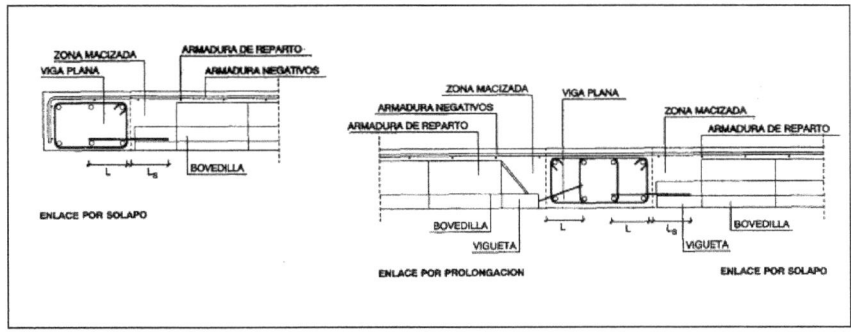

5.9.3. Voladizos

Es fundamental para un forjado en voladizo su continuidad, ya que la única sustentación que admite un vuelo es el empotramiento.

a) En el caso de voladizos en la misma dirección que el forjado adyacente, es contraproducente atravesar la jácena o cadena con las semiviguetas, por el obstáculo que constituirían para el hormigonado posterior. El error sería mayor en el caso de semiviguetas pretensadas, ya que la zona inferior pasaría a trabajar a compresión, aumentando la que procede del pretensado.

En cuanto a la longitud de armaduras de negativos, es conveniente que la que penetra en el forjado sea al menos igual que la que arma el voladizo. El remate de la armadura del voladizo se hace mediante una patilla de longitud tal que cumple las condiciones de anclaje por adherencia, medida desde el eje del zuncho de remate del vuelo.

b) En el caso de voladizos en dirección transversal al forjado adyacente, nunca deberían ser tan importantes en longitud como los anteriores. La armadura superior debe anclarse por prolongación recta y debe abarcar por lo menos dos nervios consecutivos del forjado adyacente; la compresión inferior deberá ser soportada disponiendo una zona macizada.

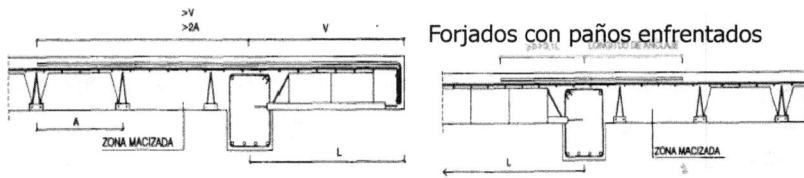

Forjados con paños enfrentados

En ambos casos de voladizos, se preverá en el extremo del vuelo un zuncho de remate, cuya misión principal es la de solidarizar las deformaciones diferenciales que pudiese tener cada uno de los nervios. La altura del zuncho será, en principio, la del voladizo, y su ancho no debe ser grande, pues constituiría un peso muerto en una zona poco propicia; se limitará tanto como sea posible para anclar los nervios y permitir el hormigonado.

Las armaduras del zuncho de atado pueden estar constituidas por dos, tres o cuatro redondos cosidos respectivamente por un imperdible, un estribo triangular o un cerco rectangular cerrado.

5.9.4. Refuerzo de forjados

En los forjados unidireccionales cuya luz sea igual o superior a 6 metros, conviene practicar un cosido transversal a modo de nervio, con objeto de regularizar las flechas de los distintos nervios, pero en ningún caso deben perforarse las viguetas para llevar las armaduras por la zona inferior: la continuidad se debe garantizar en la capa de compresión.

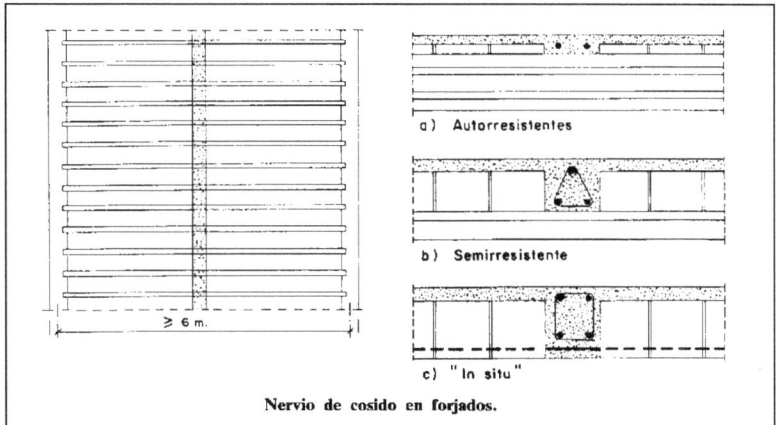

Nervio de cosido en forjados.

Cuando es necesario aumentar la capacidad portante de ciertas zonas de un forjado, en lugar de variar la tipología de los nervios o el canto del forjado, se recurre a juntar dos o tres viguetas. La mejora, sin embargo, es relativa, ya que hay que contar con un aumento importante del peso propio.

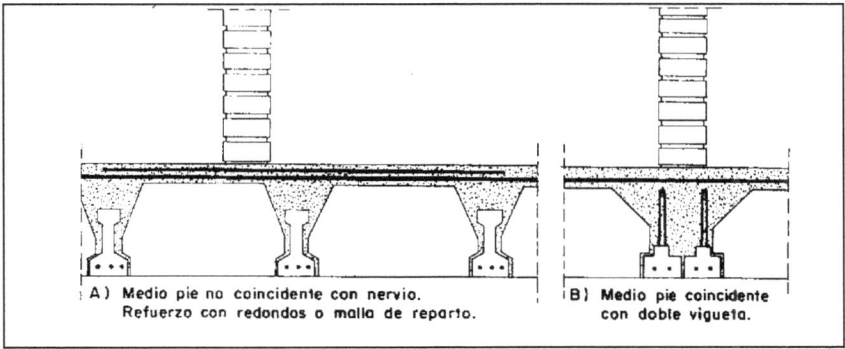

En el caso de fábricas más pesadas que las correspondientes a una sobrecarga de tabiquería (tabicones, medios pies, etc.), con independencia de que deban ser consideradas como cargas puntuales o lineales a efectos de cálculo, pueden requerir la adopción de algunas medidas constructivas específicas: refuerzos con redondos o malla de reparto cuando las fábricas no coinciden con los nervios. En el caso de fábricas más pesadas incluso se puede llegar a sustituir las viguetas por un nervio de hormigón in situ, armado y estribado.

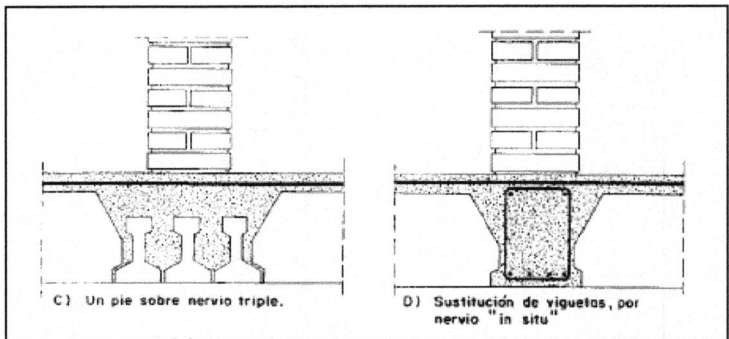

5.10. Huecos en forjados

Frecuentemente hay que practicar huecos a través de los forjados, cuyas dimensiones exceden de la distancia libre entre nervios. En la figura siguiente se expone un caso general.

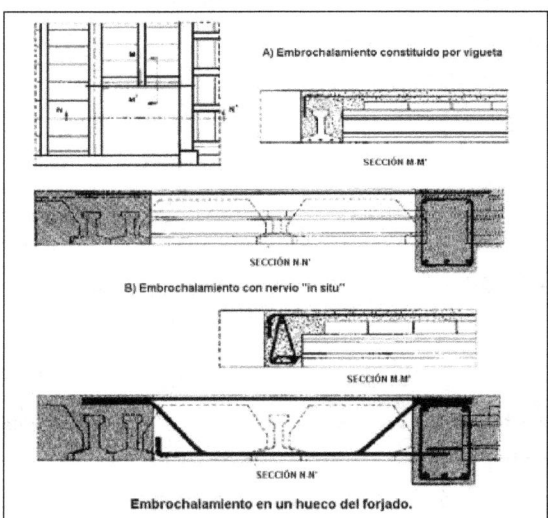

Embrochalamiento en un hueco del forjado.

El embrochalamiento se puede disponer mediante una vigueta en dirección perpendicular a las viguetas del paño interrumpido (caso A) o bien mediante un zuncho ejecutado in situ con sus correspondientes armaduras longitudinales y barras levantadas a 45º que hagan la función resistente frente al cortante en los dos extremos del zuncho (caso B).

6. LOS ESTADOS LÍMITE ÚLTIMOS

6.1. EL MÉTODO DE LOS ESTADOS LÍMITE.

6.1.1. Definiciones

Un Estado Límite es una situación tal que, al ser rebasada, coloca a la estructura fuera de servicio, por condiciones de seguridad, funcionalidad o durabilidad.

Clasificación de los Estados Límite:

1) Estados Límite Últimos (ELU), son los que corresponden a la máxima capacidad resistente de la estructura. Están relacionados con la seguridad de la misma.

    Los más importantes son:

- Agotamiento resistente de una sección (rotura o deformación plástica excesiva), que es el que estudiaremos a continuación.

- Equilibrio o pérdida de estabilidad (vuelco, deslizamiento).

- Pandeo de un elemento o de toda la estructura.

2) Estados Límite de Utilización o de Servicio, que corresponden a la máxima capacidad de servicio de la estructura. Se relacionan con la funcionalidad, estética y durabilidad.

En estructuras de hormigón armado los más importantes son:

- Deformación excesiva (flechas, giros) en un elemento estructural.

- Fisuración excesiva en una sección.

- Vibraciones excesivas en una estructura o elemento estructural.

6.1.2. Método de estado límite último de agotamiento

En este método se determinan las solicitaciones correspondientes a las cargas mayoradas y se comparan sus valores con las solicitaciones últimas, es decir aquellas que agotarían la pieza si los materiales tuviesen las resistencias minoradas.

La finalidad del cálculo es comprobar que la probabilidad de que la estructura quede fuera de servicio dentro del plazo previsto para su vida útil se mantiene por debajo de un valor determinado que se fija a priori.

La forma de introducir la **seguridad** en el método de los estados límite viene representada por dos tipos de coeficientes: los de **minoración** de las resistencias de los materiales (γ_s para el acero y γ_c para el hormigón) y los de **mayoración** de las acciones. Puede admitirse por tanto que el coeficiente de seguridad global se mide por el producto de dos de ellos:

> Para fallos debidos al acero (vigas): $\gamma = \gamma_s \cdot \gamma_f$

> Para fallos debidos al hormigón (soportes): $\gamma = \gamma_c \cdot \gamma_f$

6.1.3. Concepto de valores de cálculo

– El **valor de cálculo de las acciones** es el producto de su valor característico por el coeficiente parcial de seguridad, que tendrá distintos valores en función del tipo de acción, de su duración en el tiempo, de los efectos que provoque: si la carga produce un efecto desfavorable y es de tipo permanente (p.ej. el peso propio), el coeficiente será de **1,35** y si es de tipo variable el valor será de **1,5**. Ya no depende del nivel de control de ejecución de la obra, con la Instrucción EHE-08. Como simplificación en algunos ejemplos hemos asumido un valor de **1,5**, ya que así estaremos del lado de la seguridad.

– La **resistencia de cálculo del hormigón** es el cociente entre su resistencia característica y el coeficiente parcial de seguridad: $f_{cd} = f_{ck}/\gamma_c$. (Art. 15.3 de la Instrucción EHE). Habitualmente vale **1,5**.

– La **resistencia de cálculo del acero** es el cociente entre su límite elástico y el coeficiente parcial de seguridad correspondiente: $f_{yd} = f_{yk}/\gamma_s$. (Art. 15.3 de la Instrucción EHE). Su valor normal es de **1,15**.

6.1.4. Análisis del proceso de rotura

Supongamos una viga de hormigón armado simplemente apoyada, sometida a cargas crecientes hasta su rotura. Estudiando la zona central se ha comprobado experimentalmente que a lo largo del proceso de carga la pieza pasa por tres estadios diferentes, en todos los cuales la sección 1-1 se mantiene plana (recta P-Q de la figura):

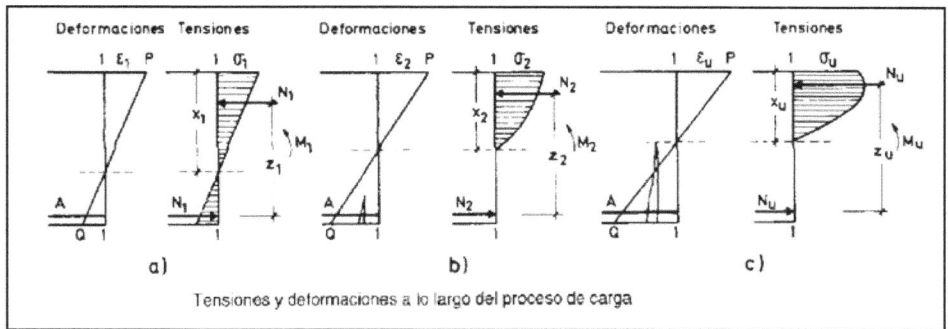

Tensiones y deformaciones a lo largo del proceso de carga

- **Estadio elástico**. Las tensiones en las fibras comprimidas son proporcionales a las deformaciones. El diagrama de compresiones es triangular. Este estadio se desarrolla hasta una tensión del 35 al 40% de la tensión de rotura del hormigón (corresponde a la situación estudiada por el método clásico). No hay fisuras visibles.

- **Estadio de fisuración**. Las tensiones de tracción fisuran al hormigón y las fisuras ascienden hacia zona comprimida, que se va concentrando hacia la zona superior y la sección va ganando brazo mecánico **z**. El diagrama de compresiones se curva.

- **Estadio de pre rotura**. La situación anterior llega a su límite. La deformación de la fibra más comprimida alcanza su valor límite del 0,35%. Las fisuras avanzan y las compresiones se concentran en la posición más alta. Las zonas más cargadas trabajan a su tensión máxima. El brazo mecánico es máximo. La pieza se rompe cuando esta situación se lleva a su extremo.

6.1.5. El cálculo en agotamiento

El estudio de las secciones en este tipo de cálculo tiene por objeto comprobar que, bajo las solicitaciones mayoradas o de cálculo, la pieza no supera cada uno de los estados límites, en el supuesto de que ambos materiales (hormigón y acero) tuviesen como resistencias reales las minoradas o de cálculo. A continuación se establecen las bases de cálculo para las secciones en el estado límite último de agotamiento resistente, que es el más importante y el que siempre se debe comprobar.

El estado límite de agotamiento se puede alcanzar, en una sección sometida a solicitaciones normales, mediante tres formas diferentes:

- Por exceso de deformación plástica del acero. En piezas sometidas a tracción o a flexión con pequeñas cuantías de acero, el estado de agotamiento se origina por una deformación plástica excesiva de las armaduras, que se fija en un 10 por mil.

- Por aplastamiento del hormigón en flexión. En piezas sometidas a flexión con cuantías medias o grandes de acero, el estado de agotamiento se origina por un aplastamiento del hormigón, con deformaciones del orden del 3,5 por mil.

- Por aplastamiento del hormigón en compresión. En piezas sometidas a compresión simple o compuesta, el colapso se origina por aplastamiento del hormigón, con deformaciones del orden del 2 por mil, es decir, menores que en el caso de flexión.

1. Definiciones

- **Fibra neutra**: Recta de deformación nula ($\varepsilon_c = 0$)

- **Profundidad de la fibra neutra (x)**: Distancia desde la fibra más comprimida (o menos traccionada) a la fibra neutra.

- **Profundidad límite (x_{lim})**: Profundidad de la fibra neutra cuando el acero a tracción alcanza el límite elástico (ε_y).

- **Canto útil (d)**: Distancia de la fibra más comprimida (o menos traccionada) hasta el centro de gravedad de la armadura más traccionada (o menos comprimida) de la sección.

- **Dominios de deformación**: Las distintas formas de agotamiento de una sección. Quedan definidas por la fibra que alcanza su deformación límite.

2. Las hipótesis de cálculo

El cálculo de la capacidad resistente última de las secciones se efectúa a partir de las siguientes hipótesis generales de cálculo:

a) Conocimiento del estado límite último.

b) Compatibilidad de deformaciones.

c) Diagramas tensión/deformación para el hormigón.

d) Diagramas tensión-deformación de los aceros.

e) Condiciones de equilibrio.

a) Conocimiento del estado límite último

- En cada una de las posibles situaciones de agotamiento, desde la tracción simple hasta la compresión centrada, se conocen las deformaciones en dos fibras de la sección. (EHE 42.1.3. Dominios de Deformación).

b) Ley plana de las deformaciones

- Las deformaciones siguen una ley plana. Esta hipótesis es válida para piezas donde la distancia entre puntos de momento nulo es mayor que el doble del canto total. (En caso contrario estaríamos en algo parecido a una viga de gran canto, por ejemplo, y el método adecuado sería el de bielas y tirantes).

Las deformaciones límite de los materiales son las que se expresan en la tabla siguiente.

Material	Deformación límite (‰)
Acero (tracción)	10.0
Hormigón (flexión)	3.5
Hormigón (compresión simple)	2.0
Hormigón (tracción)	0.0

c) Compatibilidad de deformaciones

- Las armaduras tienen la misma deformación que el hormigón que las envuelve.

d) Diagramas de cálculo tensión/deformación

- El diagrama de cálculo tensión/deformación del hormigón es alguno de los que se definen en 39.5 de la EHE-08, de manera que, conocida la deformación en una fibra, queda determinada su tensión.

- La tensión de cualquier armadura se obtiene a partir de la deformación correspondiente, mediante el diagrama tensión-deformación del acero, que se define en 38.4 de la EHE-08.

- En los diagramas de los aceros empleados en hormigón armado se admite como módulo de deformación longitudinal el valor $E_s = 2 \cdot 10^5$ N/mm2. Para las tensiones de cálculo en los aceros habituales para edificación, se admite un diagrama simplificado de cálculo como el de la figura 38.4 de la EHE-08.

e) Condiciones de equilibrio

- Se aplican a las tensiones en la sección las ecuaciones de equilibrio de fuerzas y momentos, calculando así la capacidad resistente última en el hormigón y en las armaduras.

6.2.   METODOLOGÍA GENERAL DE CÁLCULO.

1. <u>Conocimiento del estado límite último</u>

Las deformaciones límite de las secciones, según la naturaleza de la solicitación, desde una tracción pura hasta una compresión simple, conducen a admitir los siguientes dominios de deformación (ver figura):

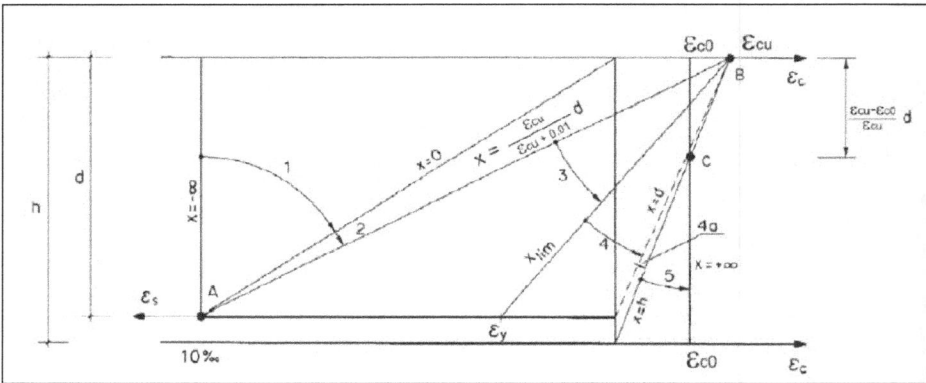

Dominio 1: Tracción simple o compuesta, donde toda la sección está en tracción. Las rectas de deformación giran alrededor del punto A correspondiente al alargamiento límite de la armadura más traccionada del 10 por 1.000.

Dominio 2: Flexión simple o compuesta, donde el hormigón no alcanza la deformación de rotura por flexión ε_{cu} del 3,5 por 1.000. Las rectas de deformación giran alrededor del punto A.

Dominio 3: Flexión simple o compuesta donde las rectas de deformación giran alrededor del punto B correspondiente a la rotura del hormigón por flexión del 3,5 por 1.000 y el alargamiento de la armadura más traccionada está comprendido entre el 10 por 1.000 y el alargamiento ε_y del 2 por 1.000, que corresponde al del límite elástico del acero.

Dominio 4: Flexión simple o compuesta donde las rectas de deformación giran alrededor del punto B. El alargamiento de la armadura más traccionada está comprendido entre ε_y y 0.

Dominio 4a: Flexión compuesta donde todas las armaduras están comprimidas y existe una pequeña zona de hormigón en tracción. Las rectas de deformación giran alrededor del punto B.

Dominio 5: Compresión simple o compuesta donde ambos materiales trabajan a compresión. Las rectas de deformación giran alrededor del punto C definido por la recta correspondiente a la deformación de rotura del hormigón ε_{c0} por compresión.

2. Diagramas de cálculo tensión / deformación para el hormigón

Se fija un diagrama tensión / deformación apropiado para el hormigón, de manera que, conocida la deformación en una fibra, queda determinada su tensión.

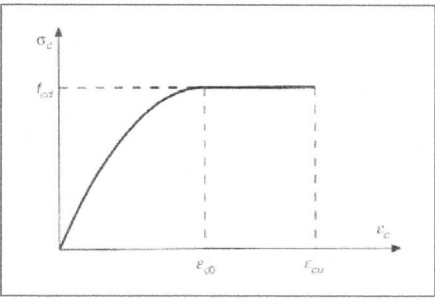

Se admiten por la Instrucción EHE-08, en el apartado 39.5, los siguientes diagramas para el hormigón, prescindiendo siempre de la colaboración del hormigón en tracción:

a) Diagrama parábola-rectángulo de cálculo, formado por una parábola de segundo grado y un segmento rectilíneo. El vértice de la parábola se encuentra en la abscisa del 2 por mil de deformación (rotura en compresión simple) y el vértice del rectángulo en la abscisa del 3,5 por mil (rotura del hormigón por flexión). La ordenada máxima de este diagrama corresponde a una tensión de compresión de f_{cd}, es decir a la resistencia minorada (resistencia de cálculo) del hormigón a compresión.

b) Diagrama rectangular de cálculo, formado por un rectángulo de anchura $\mathbf{h}(x)\cdot f_{cd}$ y cuya altura es una función de la profundidad de la fibra neutra. El valor de $\mathbf{h}(x)$ en hormigones de hasta 50 N/mm2 de resistencia característica vale 1.

En el caso de hormigones de resistencia característica hasta 50 N/mm2, para profundidades del eje neutro menores que el canto de la sección, el diagrama rectangular equivale a una tensión f_{cd} y una profundidad $y=0,8 \cdot x$

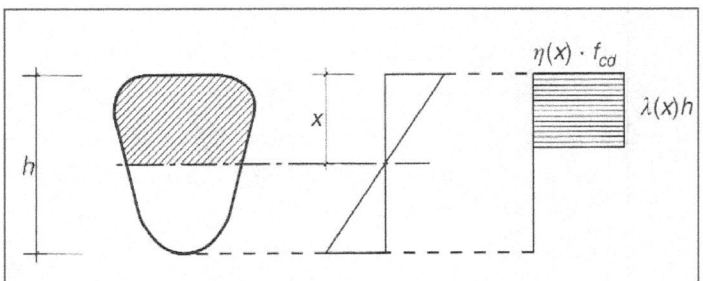

En compresión centrada (toda la sección comprimida), el bloque rectangular que comprime la sección con una intensidad constante f_{cd} en coherencia con el diagrama parábola rectángulo.

Dada la importancia de esta simplificación, se exponen al final del capítulo los conceptos fundamentales del método del Diagrama Rectangular que aparece en el Anejo 7º de la EHE-08.

c) Otros diagramas de cálculo, como parabólicos, birrectilíneos, trapezoidales, rectangulares tope, siempre que los resultados concuerden con los obtenidos mediante el diagrama parábola-rectángulo o queden del lado de la seguridad.

3. Diagramas de cálculo tensión / deformación para el acero

Se fija un diagrama tensión / deformación apropiado para el acero, de manera que, conocida la deformación en una fibra, queda determinada su tensión.

Se puede utilizar el diagrama de cálculo de la figura donde, a partir de la tensión de cálculo f_{yd} se puede considerar una segunda rama ligeramente inclinada o bien una horizontal, que suele dar unos resultados bastante precisos. Se adopta la deformación máxima del acero en tracción $\mathbf{e}_{máx} = 0,01$.

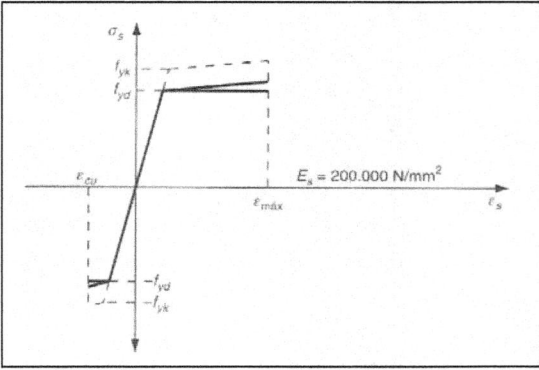

En compresión la deformación será la $\mathbf{e}_{cu}$ = 0,035 que es la última deformación del hormigón comprimido en flexión.

4. Condiciones de equilibrio

A partir de las hipótesis básicas definidas, es posible plantear las ecuaciones de equilibrio de la sección, que constituyen un sistema de ecuaciones no lineales.

Los planos de deformaciones expuestos en la Instrucción definen todos los posibles modos de agotamiento de la pieza frente a solicitaciones normales. El cálculo en Estado Límite Último de la sección consistirá en encontrar el plano de deformación de entre los definidos por los dominios, que equilibre las acciones exteriores (momento flector o axil).

El plano de agotamiento lo determinan geométricamente la profundidad de la fibra neutra (x) y el pivote de rotura (A, B o C).

En el caso de dimensionamiento, se conocen la forma y dimensiones de la sección de hormigón, la posición de la armadura, las características de los materiales y los esfuerzos de cálculos. Las incógnitas son el plano de deformación de agotamiento y la cuantía de armadura.

En el caso de comprobación, se conocen la forma y dimensiones de la sección de hormigón, la posición y cuantía de la armadura y las características de los materiales. Las incógnitas son el plano de deformación de agotamiento y los esfuerzos resistentes de la sección.

En flexión simple (dominios 2 y 3) y compresión centrada (dominio 5) la correspondencia entre el plano de deformación y el esfuerzo de rotura es unívoca por equilibrio. En flexión compuesta o compresión compuesta (dominios 2, 3 4, 4a y 5), la correspondencia ya no es unívoca y la rotura de la sección se producirá sola para una determinada relación entre N_d y M_d actuantes, que se representa por el conocido como diagrama de interacción N-M.

Lo usual en edificación suele ser dimensionar las piezas sometidas a flexocompresión con armaduras simétricas.

Para los casos más simples y frecuentes, el Anejo 7 propone unas fórmulas simplificadas para el cálculo de secciones de hormigón armado rectangulares y en T sometidas a flexión simple y compuesta. En este libro recogemos las que corresponden a las secciones rectangulares, dejando para otras publicaciones más avanzadas los casos de secciones en T y de flexiones esviadas.

5. Situación de una sección según el dominio

Veamos cuál es la situación de deformaciones y tensiones en que se hallará una sección sometida a las distintas solicitaciones, desde la tracción simple hasta la compresión centrada, adoptando para el hormigón el diagrama parábola-rectángulo y para los aceros el diagrama simplificado.

a) Tracción simple o compuesta

La fibra neutra está fuera de la sección, por encima de la misma.

Todas las fibras de la sección están trabajando a tracción.

Las rectas de deformación corresponden al **dominio 1**.

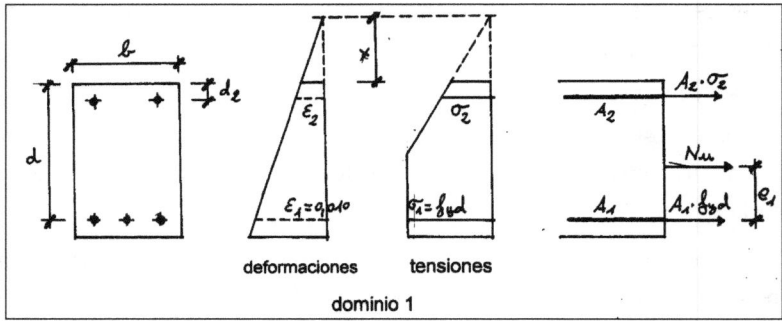

deformaciones   tensiones

dominio 1

b) Flexión simple o compuesta

La fibra neutra cae dentro de la sección, entre el valor x=0 y x=h. Las rectas de deformación corresponden a los dominios 2, 3, 4 y 4a.

En el **dominio 2**, la profundidad de la fibra neutra varía entre 0 y 0,259d.

El estado límite último se alcanza por exceso de deformación plástica del acero traccionado.

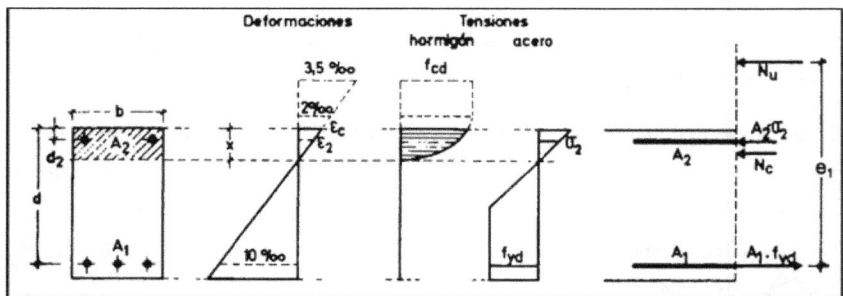

En el **dominio 3**, la profundidad de la fibra neutra va de 0,259·d hasta x_{lim}=0,625·d. En este dominio tanto el hormigón como la armadura de tracción alcanzan su resistencia máxima, por lo que se dice que existe **flexión perfecta**.

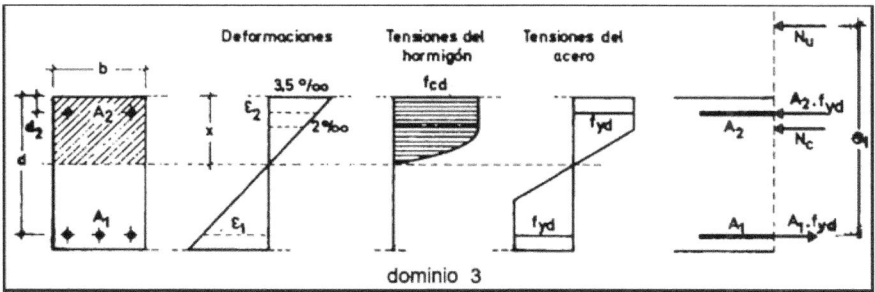

dominio 3

En el **dominio 4**, la profundidad de la fibra neutra se encuentra entre el valor x_{lim} y el canto d.

En la fibra más comprimida del hormigón la deformación es del 3,5 por mil y la tensión equivale a la resistencia de cálculo f_{cd}.

El estado último en este dominio se alcanza por aplastamiento del hormigón con rotura frágil.

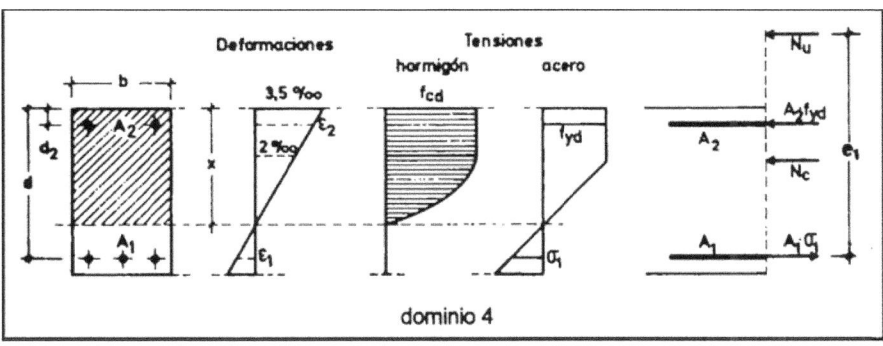

dominio 4

En el **dominio 4a**, la profundidad de la fibra neutra se encuentra en el recubrimiento inferior, entre los valores d y h.

La deformación de la fibra más comprimida del hormigón sigue siendo el 3,5 por mil y la tensión equivale a la resistencia de cálculo f_{cd}.

Ambas armaduras trabajan a compresión: la más comprimida A_2 con una tensión f_{yd} y la menos comprimida A_1 con una pequeña tensión σ_1.

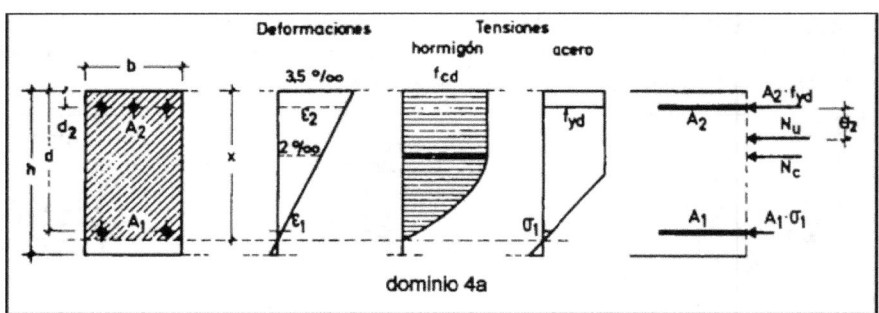

dominio 4a

c) Compresión simple o compuesta

Esta situación corresponde al **dominio 5**.

En este caso la fibra neutra está por debajo de la sección.

Todas las fibras están comprimidas y las deformaciones corresponden al dominio 5, con excentricidades débiles.

Ambas armaduras trabajan a compresión: la más comprimida (A_2) con una tensión igual a f_{yd} y la menos comprimida con una tensión σ_1 menor.

La deformación y la tensión de la fibra más comprimida del hormigón siguen teniendo valores del 3,5 por mil y de f_{cd} respectivamente.

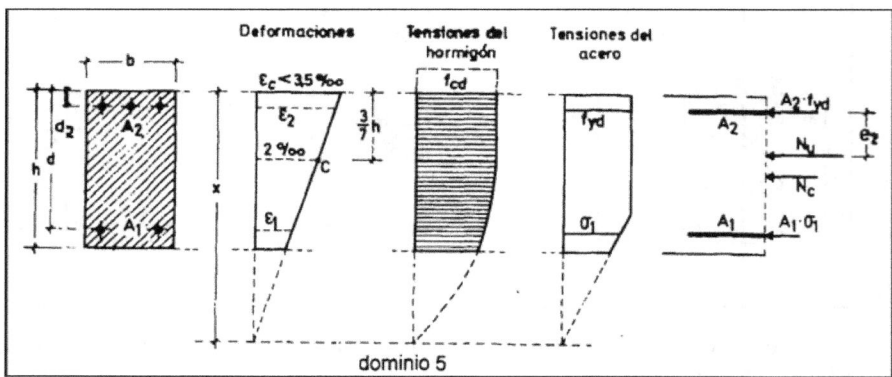

dominio 5

6.3. EL MÉTODO DEL DIAGRAMA RECTANGULAR (EHE-08, ANEJO 7)

1. Alcance

En el Anejo 7º se presentan fórmulas simplificadas para el cálculo (dimensionamiento o comprobación) de secciones rectangulares o T sometidas a flexión simple o compuesta recta (ver figura). Asimismo se propone un método simplificado de reducción a flexión compuesta recta de secciones sometidas a flexión esviada simple o compuesta. Las expresiones de este anejo son válidas únicamente para secciones con hormigón de resistencia $f_{ck} \leq 50$ N/mm².

Para el cálculo de secciones sometidas a solicitaciones normales en el estado último de agotamiento resistente puede sustituirse el diagrama parábola-rectángulo de tensiones del hormigón por un diagrama rectangular equivalente, definido de tal modo que la compresión sea constante e igual a f_{cd}, y con una altura ficticia **y = 0,80 x** cuando es **x < h**, o bien **y = h** para los casos de compresión, donde la profundidad **x** de la fibra neutra supera el canto **h**.

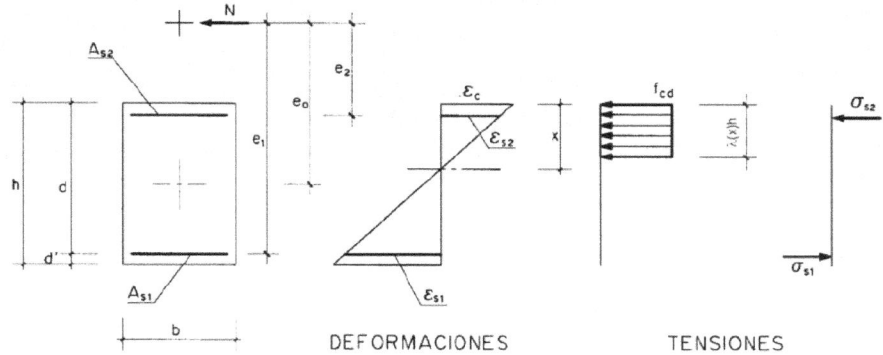

DEFORMACIONES   TENSIONES

Las diferencias obtenidas para las armaduras al calcular con el diagrama parábola-rectángulo y el rectangular son, en general, bastante pequeñas.

2. Limitaciones y variables utilizadas

las fórmulas que se exponen son válidas siempre que se cumplan las 2 condiciones siguientes:

$$d' \leq 0,20 \ d \qquad\qquad d > 0,80 \ h$$

Se define también el significado de algunas variables que se utilizan en las fórmulas:

$$f_{cd} = f_{ck} / \gamma_c \qquad\qquad U_0 = f_{cd} b \ d$$

Se establece que para hormigones de hasta 50 N/mm2 la profundidad límite de la zona comprimida es **$x_l = 0,625 \ d$**. El momento límite corresponde al valor:

$$M_l = 0,375 \ U_0 \ d$$

Las ecuaciones de equilibrio constituyen un sistema no lineal debido al comportamiento no lineal de los materiales y a la existencia de tres pivotes para la definición de los dominios de agotamiento.

La figura y las fórmulas de este Anejo han sido obtenidas considerando que la deformación del límite elástico del acero es $\varepsilon_y = 0{,}002$, que constituye una simplificación razonable y un valor intermedio entre los correspondientes a los aceros disponibles y el coeficiente de minoración del acero

Asimismo y con objeto de simplificar las expresiones obtenidas, se ha considerado como deformación del pivote 2, deformación máxima del hormigón comprimido, 0,0033 en lugar de 0,0035. Esta hipótesis tampoco afecta significativamente a los resultados obtenidos. La expresión analítica de la tensión del acero en la capa A_{s2}, en su evolución entre $-f_{yd}$ y $+f_{yd}$, se ha linealizado. Esta simplificación conlleva la definición de unos delimitadores -0,5 d' y 2,5 d' que son aproximados y que, asimismo, conducen a resultados de precisión suficiente.

6.4. CAMBIOS EN LA RECIENTE NORMATIVA ESPAÑOLA

La normativa española de hormigón armado de los últimos años (EHE-98 y EHE-08) se ha caracterizado, por un lado, por la creciente exigencia de la calidad del hormigón armado y, por otro, por un cambio paso a paso, tanto de los coeficientes de mayoración de acciones como de los métodos de cálculo de secciones.

Estos cambios están justificados por muchos motivos (progreso en la fabricación, uso y control del hormigón, durabilidad de las estructuras, recomendaciones internacionales).

Los cambios más importantes que se han producido a partir de 1998 son:

— La nueva tipificación de los hormigones de la EHE-98, donde se establece que el hormigón mínimo que puede utilizarse para aplicaciones estructurales es HA-25, un hormigón que se puede conseguir si se cumplen las exigencias de contenido máximo de agua y mínimo de cemento (hasta 1998 el hormigón más utilizado en edificación fue el H-175).

— La eliminación de la necesidad de disminuir en un 10% la resistencia de cálculo en las piezas con vertido del hormigón en posición vertical (pilares y muros fundamentalmente). Era una disminución que se practicaba solo en España y se pudo eliminar gracias a la mejora del proceso de puesta en obra del hormigón y también por la aparición del control de ejecución en la normativa.

– La adopción de coeficientes de mayoración de las acciones que proponían las normas europeas, pasando de un coeficiente único igual a 1,6 a unos coeficientes parciales de seguridad de 1,35 para cargas permanentes y de 1,5 para cargas variables. Estos coeficientes eran los mismos que el Código Modelo europeo utilizaba desde 1978.

– La eliminación, en el año 2004, del llamado "coeficiente de cansancio" que en todas las normas afectaba a la resistencia de cálculo del hormigón con un factor igual a 0,85. La Instrucción española adoptó en su edición EHE-08 la eliminación de ese coeficiente, que existía desde 1968.

6.5. RECOMENDACIONES A EFECTOS DE DUCTILIDAD

Al proponerse la supresión del coeficiente 0,85 de cansancio en la Instrucción, nos podemos encontrar con una situación no deseada. Por ello la normativa deja la libertad al proyectista para elegir un coeficiente menor que la unidad en función de las características de la estructura o de la relación entre carga permanente y carga total. La explicación de esta situación no deseada es la siguiente:

El posible aumento de la tensión máxima es de un 18% (1/0,85 = 1,18), con lo que se modifica el dimensionamiento de las secciones, pudiendo retrasarse la introducción de armaduras comprimidas, tanto en vigas sometidas a flexión como en pilares sometidos a compresión.

La disposición de armadura comprimida en la sección de una viga, en cambio, tiene efectos beneficiosos, ya que aumenta la ductilidad, propiedad importante sobre todo en estructuras sometidas a deformaciones impuestas por sismo y además facilita la redistribución de esfuerzos haciendo así frente a errores de proyecto y de ejecución.

Esto significa que es conveniente aumentar la ductilidad de estos elementos para compensar de alguna manera los efectos de la supresión del citado coeficiente 0,85. La solución pasa por un criterio muy sencillo cuando se trata de vigas: que la profundidad de la fibra neutra, en lugar de alcanzar el valor x=0,625·d no supere el valor $\xi = x/d = 0,45$ es decir, que el momento reducido a partir del cual se debe poner armadura de compresión sea menor, con lo cual esta armadura ayudará a resistir las compresiones provocadas por la flexión, descargando parcialmente al hormigón de esa responsabilidad y consiguiendo una disminución en la flecha diferida.

En cuanto al coste, ya que en la mayoría de los casos hay que colocar armadura de montaje en la zona comprimida, el hecho de considerarla en el cálculo disminuye dicho coste.

Hay muchos autores, entre ellos Jiménez Montoya, Meseguer, Morán y Arroyo, que mantienen la recomendación de dimensionar para una profundidad límite de 0,45 en lugar de 0,625 porque "con esta posición de la fibra neutra se satisfacen las necesidades de ductilidad y control de flechas en los casos habituales de estructuras de edificación".

Por lo que se refiere a los soportes, todos los cambios normativos vistos antes, conduce a una disminución de la armadura necesaria, sobre todo en los casos cercanos a la compresión simple. El efecto de estos cambios, estudiado por Morán y Gutiérrez (2008), demuestra que la reducción de armaduras en pilares puede llegar hasta un 33% si se consideran los cambios introducidos en la EHE-08 (lo cual, dicho sea entre paréntesis, no siempre es beneficioso).

7. MÉTODOS PARA EL ARMADO DE SECCIONES

7.1. INTRODUCCIÓN

En este apartado se estudian distintos métodos para el cálculo de secciones rectangulares de hormigón armado sometidas a solicitaciones normales de flexión y compresión en el estado límite último de agotamiento por rotura o por exceso de deformación plástica.

Se llaman solicitaciones normales a las que originan tensiones ortogonales a las secciones rectas. Están constituidas por un momento flector y un esfuerzo normal, referidos al centro de gravedad de la sección de hormigón.

Para el caso específico de soportes y elementos de función análoga trabajando a compresión simple, la Instrucción EHE-08 –al igual que normas anteriores– establece (42.2.1) que toda sección sometida a una solicitación normal exterior de compresión N_d debe ser capaz de resistir dicha compresión con una excentricidad mínima, debida a la incertidumbre en la posición del punto de aplicación del esfuerzo normal, igual al mayor de los siguientes valores:

$$h/20 \text{ y } 2 \text{ cm}$$

Dicha excentricidad debe ser contada a partir del centro de gravedad de la sección bruta y en la dirección más desfavorable de las direcciones principales y solo en una de ellas.

Esto, naturalmente, conduce a que el cálculo deba hacerse siempre en flexión compuesta (o más bien en compresión compuesta). Una simplificación para evitar eso en los casos de secciones rectangulares es emplear para el cálculo de acciones un valor incrementado de los coeficientes de mayoración de las cargas, como se verá más adelante.

Las notaciones que se exponen a continuación, comunes a todos los métodos de cálculo, tienen el siguiente significado:

$U_0 = f_{cd} \cdot b \cdot d$ capacidad mecánica de la sección útil de hormigón.

$U_a = f_{cd} \cdot b \cdot h$ capacidad mecánica de la sección total de hormigón.

$\nu = N_d / U_0$ axil reducido.

$\mu = M_d / (U_0 \cdot d)$ momento reducido en flexión simple.

$\mu = (N_d \cdot e) / (U_0 \cdot d)$ momento reducido en flexión compuesta.

$\omega_1 =$ cuantía de las armaduras más traccionadas.

$\omega_2 =$ cuantía de las armaduras más comprimidas.

$U_{s1} =$ capacidad de las armaduras más traccionadas.

$U_{s2} =$ capacidad de las armaduras más comprimidas.

7.2. SECCIONES SOMETIDAS A FLEXIÓN SIMPLE

En una sección de hormigón armado sometida a una solicitación de flexión, se produce un estado de tensiones normales de compresión en unas fibras de la sección y de tracción en otras.

En el caso de que la solicitación sea de flexión simple, es decir, producida solamente por un momento flector [M] la armadura de la zona traccionada la podemos calcular por alguno de los procedimientos que se exponen a continuación.

7.2.1. La expresión del brazo mecánico para Flexión Simple

La armadura traccionada de la sección se estima tomando momentos respecto al centro de las compresiones, suponiendo que la distancia entre éste y el centro de las tracciones (armaduras) es de 0,9·d (o lo que es lo mismo 0,8·h si consideramos que los recubrimientos de las armaduras son del orden de 1/10 del canto total).

La capacidad resistente de una sección de hormigón está dada por la expresión:

$$\boxed{U_0 = f_{cd}\ b\ d}$$

Si establecemos la hipótesis de que el acero trabaja al máximo de tensión, es decir que llega a su tensión de cálculo f_{yd}, podemos igualar el momento exterior mayorado [M_d] con el que producen las tensiones internas minoradas [f_{yd}] respecto al centro de las compresiones, o sea con un brazo mecánico **z** igual a **0,9·d**, obteniéndose así el área del acero necesaria, o lo que es lo mismo, su capacidad mecánica [$\mathbf{U_{s1}=A_{s1} \cdot f_{yd}}$]:

$$M_d = A_{s1} \cdot f_{yd} \cdot 0,9 \cdot d$$

con lo que la sección de acero necesaria será:

$$A_{s1} = \frac{M_d}{0,9 \cdot d \cdot f_{yd}}$$

y por tanto, su capacidad mecánica:

$$\boxed{U_{s1} = \frac{M_d}{0,9 \cdot d}}$$

A partir de un cierto valor límite del momento flector, se hace necesario, por economía, disponer armadura de compresión. Este momento flector límite, que lleva la fibra neutra hasta su profundidad $x_{lim}=0,625 \cdot d$, tiene el siguiente valor:

$$M_{lim} = 0,375 \cdot b \cdot d^2 \cdot f_{cd} = 0,375 \cdot U_0 \cdot d$$

La capacidad mecánica de la armadura que debe resistir el exceso de compresión por haber sido superado el momento límite, deberá ser:

$$U_{s2} = \frac{M_d - M_{lim}}{0,9 \cdot d}$$

Es recomendable, conforme a lo dicho al final del capítulo anterior, que la profundidad de la fibra neutra no supere el valor de **0,45·d** con el fin de obtener piezas con mayor ductilidad. Esto supone que el factor de 0,375 que aparece en las expresiones anteriores se quede en **0,2961** lo que significa que el momento a partir del cual se deben colocar armaduras de compresión es el siguiente:

$$M_{lim} = 0,2961 \cdot b \cdot d^2 \cdot f_{cd} = 0,2961 \cdot U_0 \cdot d$$

Y para la capacidad mecánica **U$_{s2}$** de las armaduras comprimidas se aplicará la expresión anterior.

La cuantía geométrica mínima que se debe disponer para controlar la fisuración por motivos que no est contemplados en el cálculo, es del 3,3 por mil de la sección total del hormigón [$A_c=b \cdot h$].

La cuantía mecánica mínima para los elementos a flexión, que se debe disponer para evitar la rotura frágil por plastificación de la armadura, es del 4% de la cuantía mecánica de la sección útil de hormigón [$U_0=f_{cd} \cdot b \cdot d$].

7.2.2. El método de la Parábola-Rectángulo a Flexión Simple

Para el cálculo práctico de secciones rectangulares sometidas a esfuerzos normales por este método, hay dos **tablas universales** que facilitan la resolución de los problemas más corrientes.

La primera, que se adjunta a continuación, corresponde a flexión simple o compuesta en dominios 2 y 3.

Como datos se suelen conocer tanto la resistencia de cálculo de los materiales, f_{yd} para el acero y f_{cd} para el hormigón, como el momento de cálculo ($M_d = \gamma_f \cdot M$).

La expresión del momento reducido es:

$$\mu = \frac{M_d}{U_0 \, d}$$

Conviene disponer armadura de compresión cuando se supera el límite de $\mu = 0,2961$ en el momento reducido, los valores $\xi = 0,45$ en la profundidad relativa de la fibra neutra y $\omega = 0,3643$ en la cuantía de armaduras de tracción, es decir:

$$\mu = 0,2961 \qquad \xi = 0,45 \qquad \omega = 0,3643$$

Pueden darse dos casos:

Caso 1: El momento reducido no supera el valor 0,2961.

En este caso la sección no necesita armadura de compresión y la única incógnita es la armadura de tracción (además de la profundidad relativa de la fibra neutra).

Se entra entonces en la tabla adjunta con el valor del momento de cálculo reducido **μ** y se encuentra, en la columna derecha, el valor de la cuantía mecánica **ω**.

La capacidad mecánica de la armadura de tracción será:

$$\boxed{U_{s1} = \omega_1 \cdot U_0}$$

TABLA 1. TABLA UNIVERSAL PARA FLEXIÓN SIMPLE			
ξ	μ	ω	
0,0816	0,0300	0,0308	
0,0953	0,0400	0,0414	
0,1078	0,0500	0,0520	
0,1194	0,0600	0,0627	
0,1306	0,0700	0,0735	
0,1413	0,0800	0,0844	D
0,1518	0,0900	0,0953	O
0,1623	0,1000	0,1064	M
0,1729	0,1100	0,1177	I
0,1836	0,1200	0,1291	N
0,1944	0,1300	0,1407	I
0,2054	0,1400	0,1424	O
0,2165	0,1500	0,1642	2
0,2277	0,1600	0,1762	
0,2391	0,1700	0,1884	
0,2507	0,1800	0,2008	
0,2592	0,1872	0,2098	
0,2636	0,1900	0,2134	
0,2796	0,2000	0,2263	
0,2958	0,2100	0,2395	
0,3123	0,2200	0,2529	
0,3292	0,2300	0,2665	
0,3464	0,2400	0,2804	
0,3639	0,2500	0,2946	
0,3818	0,2600	0,3091	D
0,4001	0,2700	0,3239	O
0,4189	0,2800	0,3391	M
0,4381	0,2900	0,3546	I
0,4500	0,2961	0,3643	N
0,4577	0,3000	0,3706	I
0,4780	0,3100	0,3869	O
0,4988	0,3200	0,4038	3
0,5202	0,3300	0,4211	
0,5423	0,3400	0,4390	
0,5652	0,3500	0,4576	
0,5890	0,3600	0,4768	
0,6137	0,3700	0,4968	
0,6250	0,3750	0,5000	

La zona sombreada corresponde a posiciones de la fibra neutra con profundidad mayor de 0,45 y a momentos reducidos mayores que 0,2961 que no conviene superar.
A partir de aquí (en Dominio 4) se necesitarán armaduras de compresión.

Caso 2: El momento reducido es superior a 0,2961.

En este caso debe colocarse armadura de compresión.

El problema se resuelve dando a la fibra neutra el valor 0,45·d, con lo que el valor de las cuantías reducidas y las capacidades mecánicas de las armaduras será:

$$\omega_2 = \frac{\mu - 0,2961}{1 - \delta'} \qquad \omega_1 = \omega_2 + 0,3643$$

$$U_{s1} = \omega_1 \cdot U_0 \qquad U_{s2} = \omega_2 \cdot U_0$$

7.2.3. Armado a Flexión Simple según el Anejo Nº 7

En flexión simple para secciones rectangulares según el método simplificado del Anejo Nº 7 de la EHE-08, cabe distinguir dos situaciones:

1) Fibra neutra acotada a una profundidad x_f inferior al límite.

Si queremos tener secciones con mayor ductilidad, basta con fijar la profundidad x_f de la fibra neutra por debajo de la profundidad límite de 0,625·d (por ejemplo, el caso ya comentado donde x_f=0,45·d).

El momento límite (momento frontera M_f en este caso) vale:

$$M_f = 0,8\, U_0\, x_f \left(1 - 0,4\, \frac{x_f}{d} \right)$$

Caso 1: Momento de cálculo inferior al momento frontera:

$$M_d \leq M_f$$

En este caso la posición de la fibra neutra no alcanza la profundidad x_f fijada. Entonces la sección no necesita armadura de compresión, por lo que la única incógnita es la armadura de tracción, cuya capacidad mecánica U_{s1} será:

$$U_{s1} = U_0 \left(1 - \sqrt{1 - \frac{2\, M_d}{U_0\, d}} \right)$$

Caso 2: Momento de cálculo superior al momento frontera:

$$M_d > M_f$$

En este caso habrá que calcular previamente un coeficiente s_{2f} para poder calcular la capacidad de las armaduras de compresión, que no podrá ser mayor que 1,0:

$$s_{2f} = \frac{2}{3}\left(\frac{x_f - d'}{d'}\right) \leq 1,0$$

Las expresiones para calcular las armaduras de compresión y de tracción serán:

$$U_{s2} = \frac{1}{s_{2f}}\left(\frac{M_d - M_f}{d - d'}\right) \qquad U_{s1} = 0,8\,U_0\,\frac{x_f}{d} + \frac{M_d - M_f}{d - d'}$$

2) Fibra neutra en la profundidad límite, x_l

En este caso el momento límite corresponde al valor:

$$M_l = 0,375\,U_0\,d$$

Caso 1: Momento de cálculo inferior al momento límite: $M_d \leq 0,375\,U_0\,d$.

En este caso la posición de la fibra neutra no alcanza la profundidad fijada de 0,625 d. Entonces la sección no necesita armadura de compresión, por lo que la única incógnita es la armadura de tracción, cuya capacidad mecánica U_{s1} será:

$$U_{s1} = U_0\left(1 - \sqrt{1 - \frac{2\,M_d}{U_0\,d}}\right) = U_0\left(1 - \sqrt{1 - 2\,\mu}\right)$$

Caso 2: Momento de cálculo superior al momento límite:

$$M_d > 0,375\,U_0 d.$$

El bloque comprimido de hormigón alcanza su máxima profundidad y necesita la colaboración de armaduras de compresión. La capacidad mecánica de las armaduras de la zona comprimida y de la traccionada será:

$$U_{s2} = \left(\frac{M_d - 0,375\,U_0\,d}{d - d'}\right) \qquad U_{s1} = 0,5\,U_0 + U_{s2}$$

Las fórmulas propuestas suponen que la sección dispondrá de armadura en el paramento comprimido sólo si el momento de cálculo M_d es superior al momento límite $0,375U_0d$, que es el momento del bloque comprimido de hormigón respecto a la armadura traccionada, para una profundidad de la fibra neutra $x = 0.625d$, que supone una deformación $\varepsilon_y = 0,002$ en el acero.

7.2.4. Las Fórmulas Aproximadas de Jiménez Montoya

Este método se debe a los profesores Jiménez Montoya y Morán Cabré (1972) y se ha actualizado para cumplir con la EHE-08 y teniendo en cuenta las recomendaciones de ductilidad, intentando que la profundidad de la fibra neutra no supere $0,45 \cdot d$ sin armaduras de compresión.

Estas fórmulas tienen dos características fundamentales: su sencillez y que los resultados con ellas obtenidos concuerdan prácticamente con los correspondientes a la parábola-rectángulo, especialmente las que se refieren a armaduras asimétricas, tanto en flexión simple como en flexión compuesta con pequeñas compresiones.

En el dimensionamiento a flexión simple los casos, como siempre, pueden ser dos:

a) Momento reducido $\mu \le 0,2961$ (de manera que con $x \le 0,45 \cdot d$ no se necesita armadura comprimida):

$$\boxed{\omega_2 = 0} \qquad \boxed{\omega_1 = \mu \cdot (1 + 0,77 \cdot \mu)}$$

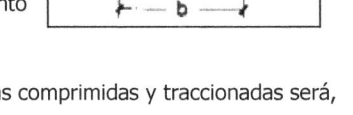

b) Momento reducido $\mu > 0,2961$ (se necesita armadura comprimida):

$$\boxed{\omega_2 = \frac{\mu - 0,2961}{1 - \delta'}} \qquad \boxed{\omega_1 = \omega_2 + 0,3643}$$

siendo δ' la relación d'/d entre el recubrimiento y el canto útil.

Para ambos casos la capacidad mecánica de las armaduras comprimidas y traccionadas será, como siempre:

$$\boxed{U_{s2} = \omega_2 \cdot U_0} \qquad \boxed{U_{s1} = \omega_1 \cdot U_0}$$

En los casos de flexión compuesta con armaduras asimétricas (es decir, elementos que no sean pilares) las fórmulas son casi iguales, teniendo en cuenta además el axil reducido correspondiente, como se verá más adelante.

7.3. SECCIONES SOMETIDAS A FLEXIÓN COMPUESTA

Cuando se tienen secciones sometidas a un momento de cálculo M_d y un axil de cálculo N_d, con el esfuerzo axil relativamente pequeño en comparación con el momento flector, el estudio puede efectuarse reduciendo el problema de flexión compuesta a uno de flexión simple, mediante el teorema de Ehlers, que se reseña a continuación:

> "Todo problema de flexión compuesta puede reducirse a uno de flexión simple, sin más que tomar como momento el que produce el esfuerzo normal respecto a la armadura de tracción, $M_d = N_d \cdot e$".

La capacidad mecánica de la armadura de tracción en flexión compuesta será:

$$U_{s1} = U - N_d$$

siendo U la capacidad correspondiente a una flexión simple con momento $M_d = N_d \cdot e$.

7.3.1. Parábola-Rectángulo en flexión compuesta

En estos casos se suele conocer tanto el esfuerzo normal de cálculo N_d como su excentricidad **e** y la resistencia de los materiales. El ancho **b** puede fijarse siempre y así las incógnitas son el canto **d** y las armaduras.

El procedimiento es el siguiente:

Se calcula la excentricidad e_0 respecto al centro de gravedad de la sección y la excentricidad **e** respecto a las armaduras traccionadas:

$$e_0 = \frac{M_d}{N_d} \quad ; \quad e = \frac{d - d'}{2} + e_0$$

Se calcula el momento reducido para continuar con el procedimiento:

$$\mu = \frac{N_d \, e}{U_0 \, d}$$

Los dos casos posibles según el valor que tenga el momento reducido μ de cálculo son:

Caso 1: Para **μ ≤ 0,2961** la sección no necesita armadura de compresión. Entrando en la **Tabla 1** (flexión simple) con el momento reducido μ se encuentra la cuantía ω.

La cuantía mecánica de la armadura de tracción valdrá:

$$\boxed{\omega_1 = \omega - \nu}$$ siendo $$\boxed{\nu = \frac{N_d}{U_0}}$$

La capacidad mecánica será: $$\boxed{U_{s1} = \omega_1 \cdot U_0}$$

En el caso de que este valor resultase negativo (el hormigón soporta la solicitación por sí solo), deberá colocarse la cuantía mínima (4 ϕ 12).

Caso 2: Para **μ> 0,2961** es necesario colocar armadura de compresión. Las cuantías reducidas y las capacidades mecánicas de las armaduras para compresión y para tracción son, respectivamente:

$$\omega_2 = \frac{\mu - 0,2961}{1 - \delta'}$$

$$\omega_1 = \omega_2 + 0,3643 - \nu$$

$$U_{s2} = \omega_2 \cdot U_0$$

$$U_{s1} = \omega_1 \cdot U_0$$

valores con los que se entra en las tablas de capacidades mecánicas.

7.3.2. Flexión compuesta según el Anejo Nº 7 (EHE-08)

Si queremos calcular la capacidad de las armaduras simétricas de un pilar sometido a flexión compuesta y armado a dos caras, se pueden dar 3 casos, según el valor del axil de cálculo N_d:

• Caso 1º: Para $N_d < 0$ (axil de tracción).

Las armaduras de tracción U_{s1} y de compresión U_{s2} se determinan mediante la fórmula:

$$U_{s1} = U_{s2} = \frac{M_d}{d - d'} - \frac{N_d}{2}$$

• Caso 2º: Para N_d entre 0 y $0,5 \cdot U_0$ (compresión).

La solución se obtiene mediante la expresión siguiente:

$$U_{s1} = U_{s2} = \frac{M_d}{d - d'} + \frac{N_d}{2} - \frac{N_d}{d - d'}\frac{d}{}\left(1 - \frac{N_d}{2\,U_0}\right)$$

• Caso 3º: Para $N_d > 0,5 \cdot U_0$ (fuerte compresión).

La capacidad de las armaduras será la siguiente:

$$U_{s1} = U_{s2} = \frac{M_d}{d - d'} + \frac{N_d}{2} - \alpha \frac{U_0\,d}{d - d'}$$

En este caso (compresión compuesta con armaduras simétricas), entra en juego un coeficiente **α** cuya expresión es: $\qquad \alpha = \dfrac{0,480\,m_1 - 0,375\,m_2}{m_1 - m_2} \leq 0,5\left(1 - \left(\dfrac{d'}{d}\right)^2\right)$

con los siguientes valores para m_1 y m_2:

$$m_1 = \left(N_d - 0,5\,U_0\right)\left(d - d'\right) \qquad m_2 = 0,5\,N_d\left(d - d'\right) - M_d - 0,32\,U_0\left(d - 2,5 d'\right)$$

El inconveniente de este método es que, por una parte, obliga al hormigón a agotar su resistencia de cálculo antes de necesitar armaduras y, por otro lado, no da opciones a una mayor ductilidad de la pieza, dando resultados cuando menos extraños.

7.3.3. Las Fórmulas Aproximadas de Jiménez Montoya

El método de los profesores Jiménez Montoya y Morán Cabré (1972), actualizado por Morán y Gutiérrez (2008), lo volvemos a expresar para flexión compuesta (pequeñas compresiones) en secciones con armaduras asimétricas.

En el dimensionamiento a <u>flexión compuesta</u> los casos, como siempre, pueden ser dos:

a) Momento reducido $\mu \leq 0,2961$ (de manera que con $x \leq 0,45 \cdot d$ no se necesita armadura comprimida):

$$\boxed{\omega_2 = 0} \qquad \boxed{\omega_1 = \mu \cdot (1 + 0,77 \cdot \mu) - \nu}$$

b) Momento reducido $\mu > 0,2961$ (se necesita armadura comprimida):

$$\boxed{\omega_2 = \frac{\mu - 0,2961}{1 - \delta'}} \qquad \boxed{\omega_1 = \omega_2 + 0,3643 - \nu}$$

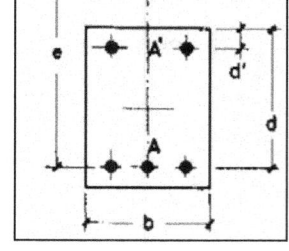

(En los casos de flexión simple, el valor del axil reducido **v** es igual a cero, como ya se ha visto).

7.4. SECCIONES EN COMPRESIÓN CON PEQUEÑAS EXCENTRICIDADES

7.4.1. Parábola-Rectángulo en compresión compuesta

Este caso se da cuando el axil N_d es importante respecto al momento M_d (caso habitual en pilares).

Se estudia a continuación el dimensionamiento óptimo de secciones en los dominios 4a y 5, es decir cuando ambas armaduras A_1 y A_2 están comprimidas.

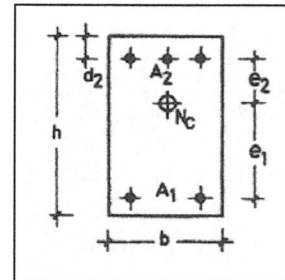

<u>Procedimiento</u>: Se calcula la excentricidad e_2 referida a la armadura más comprimida en lugar de hacerlo respecto a la armadura de tracción, ya que se supone que ambas armaduras están comprimidas:

$$e_0 = \frac{M_d}{N_d} \quad ; \quad e_2 = \frac{d - d_2}{2} - e_0$$

Se halla la capacidad de la sección total del hormigón U_a, el axil reducido N_d y el momento reducido μ_2:

$$U_a = f_{cd} \cdot b \cdot h \qquad\qquad \nu = \frac{N_d}{U_a} \qquad\qquad \mu_2 = \frac{N_d \cdot e_2}{U_a \cdot h}$$

Se calculan los valores: $\qquad \delta = \frac{d}{h} \qquad \delta_2 = \frac{d_2}{h}$

Con las notaciones anteriores pueden darse dos casos posibles:

Caso 1:   Para $\mu_2 < 0,50 - \delta_2$ el hormigón no se agota y la armadura menos comprimida A_1 no es necesaria.

Entrando en la **Tabla 2** con el valor de μ_2 de la columna correspondiente al recubrimiento dado δ_2, en la columna de la derecha se encuentra el coeficiente que corresponde.

La cuantía mecánica de la armadura más comprimida será:

En dominio 4a : $\omega_2 = \nu - \psi \cdot \xi$ $\qquad$ En dominio 5 : $\omega_2 = \nu - \psi$

y la capacidad mecánica será: $\qquad\qquad \boxed{U_{s2} = \omega_2 \, U_a}$

Caso 2: Para $\mu_2 > 0,50 - \delta_2$ la solución más económica se obtiene haciendo que la sección trabaje a compresión simple. Las cuantías mecánicas de las armaduras serán:

Para la menos comprimida : $\quad \omega_1 = \dfrac{\mu_2 + \delta_2 - 0,50}{\delta - \delta_2}$

Para la más comprimida : $\quad \omega_2 = \nu - \omega_1 - 1,00$

y las capacidades mecánicas correspondientes (como siempre):

$$U_{s1} = \omega_1 \, U_0 \qquad\qquad U_{s2} = \omega_2 \, U_0$$

Se adjunta a continuación la tabla universal citada para compresión compuesta con el método de la Parábola - Rectángulo.

TABLA 2.				
COMPRESIONES CON PEQUEÑAS EXCENTRICIDADES				
ξ	μ			$\psi \cdot \xi$	
	$\delta_2=0,05$	$\delta_2=0,10$	$\delta_2=0,15$		
0,85	-	-	0,1401	0,6881	
0,86	-	-	0,1446	0,6962	
0,87	-	-	0,1493	0,7042	
0,88	-	-	0,1539	0,7124	
0,89	-	-	0,1587	0,7205	
0,90	-	0,1999	0,1635	0,7286	
0,91	-	0,2052	0,1684	0,7367	
0,92	-	0,2106	0,1733	0,7448	DOMINIO 4a
0,93	-	0,2160	0,1784	0,7528	
0,94	-	0,2214	0,1834	0,7609	
0,95	0,2655	0,2271	0,1886	0,7691	
0,96	0,2715	0,2327	0,1938	0,7772	
0,97	0,2776	0,2384	0,1991	0,7853	
0,98	0,2838	0,2441	0,2045	0,7933	
0,99	0,2900	0,2499	0,2099	0,8014	

ξ	μ			ψ	
	$\delta_2=0,05$	$\delta_2=0,10$	$\delta_2=0,15$		
1,00	0,2962	0,2558	0,2153	0,8095	
1,01	0,3015	0,2607	0,2199	0,8160	
1,02	0,3065	0,2654	0,2242	0,8222	
1,03	0,3112	0,2698	0,2284	0,8280	
1,04	0,3158	0,2740	0,2324	0,8336	
1,05	0,3200	0,2780	0,2361	0,8389	
1,06	0,3241	0,2819	0,2396	0,8440	
1,07	0,3280	0,2855	0,2431	0,8488	
1,08	0,3316	0,2891	0,2464	0,8534	
1,09	0,3353	0,2924	0,2494	0,8579	
1,10	0,3386	0,2955	0,2525	0,8620	
1,15	0,3535	0,3095	0,2655	0,8805	
1,20	0,3656	0,3208	0,2761	0,8955	
1,25	0,3756	0,3302	0,2848	0,9078	
1,30	0,3839	0,3380	0,2921	0,9181	
1,35	0,3908	0,3446	0,2982	0,9267	
1,40	0,3968	0,3501	0,3034	0,9341	
1,45	0,4019	0,3548	0,3079	0,9404	DOMINIO 5
1,50	0,4062	0,3589	0,3116	0,9458	
1,55	0,4101	0,3626	0,3151	0,9506	
1,60	0,4134	0,3656	0,3180	0,9547	
1,65	0,4164	0,3685	0,3205	0,9584	
1,70	0,4189	0,3708	0,3228	0,9615	
1,75	0,4213	0,3731	0,3248	0,9644	
1,80	0,4233	0,3749	0,3266	0,9669	
1,90	0,4268	0,3782	0,3296	0,9713	
2,00	0,4296	0,3809	0,3322	0,9748	
2,25	0,4348	0,3858	0,3367	0,9813	
2,50	0,4384	0,3891	0,3398	0,9855	
2,75	0,4407	0,3913	0,3419	0,9885	
3,00	0,4424	0,3928	0,3433	0,9906	
3,50	0,4447	0,3951	0,3453	0,9934	
4,00	0,4461	0,3964	0,3348	0,9952	
5,00	0,4476	0,3978	0,3479	0,9971	
∞	0,4500	0,4000	0,3500	1,0000	

7.4.2. Fórmulas Aproximadas para armaduras simétricas

En el caso de soportes con armaduras simétricas, el método utiliza una sola expresión para hallar la cuantía mecánica total de la sección en función del momento reducido μ y de tres coeficientes α_1, α_2 y α_3 que dependen del axil reducido ν y de la disposición de las armaduras. La expresión siguiente nos da la cuantía mecánica de la totalidad de las armaduras de la sección:

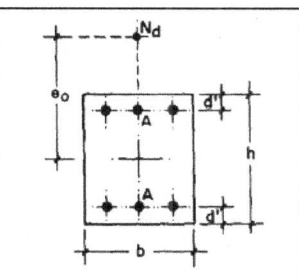

$$\omega = \frac{\alpha_1 + \alpha_2 \cdot \mu}{1 - \alpha_3 \cdot \delta'}$$

siendo

$$\delta' = \frac{d'}{h}$$

NOTAS: Se consideran 4 tipos de armaduras: 3 rectangulares y 1 circular (ver figuras).

Los datos sombreados en las tablas siguientes corresponden a interpolaciones de los datos originales del método de las Fórmulas Aproximadas.

Coeficientes para el dimensionamiento de soportes						
Axil ν	α_1	α_2	α_3	α_1	α_2	α_3
0,10	-0,09	2,03	1,98	-0,14	2,36	2,14
0,15	-0,13	2,01	2,05	-0,19	2,45	2,09
0,20	-0,16	1,98	2,12	-0,23	2,54	2,04
0,25	-0,19	1,99	2,10	-0,26	2,59	2,02
0,30	-0,21	1,99	2,07	-0,28	2,63	1,99
0,35	-0,23	2,00	2,04	-0,30	2,65	2,00
0,40	-0,24	2,00	2,00	-0,31	2,67	2,00
0,45	-0,23	2,00	2,10	-0,01	2,62	2,13
0,50	-0,22	1,99	2,20	0,29	2,57	2,25
0,55	-0,22	2,06	2,16	0,00	2,61	2,25
0,60	-0,22	2,12	2,12	-0,28	2,65	2,25
0,65	-0,21	2,16	2,07	-0,26	2,69	2,21
0,70	-0,19	2,20	2,02	-0,24	2,73	2,16
0,75	-0,17	2,25	1,97	-0,22	2,77	2,11
0,80	-0,15	2,29	1,92	-0,20	2,80	2,06
0,85	-0,12	2,30	1,86	-0,17	2,81	2,02
0,90	-0,09	2,31	1,80	-0,13	2,82	1,97
0,95	-0,05	2,32	1,75	-0,10	2,82	1,92
1,00	-0,01	2,32	1,69	-0,06	2,82	1,87
1,05	0,03	2,36	1,57	-0,03	2,87	1,74
1,10	0,06	2,39	1,45	0,01	2,92	1,61
1,15	0,11	2,39	1,39	0,06	2,91	1,56
1,20	0,15	2,38	1,33	0,10	2,90	1,50
1,25	0,20	2,38	1,28	0,15	2,89	1,45
1,30	0,25	2,37	1,23	0,19	2,88	1,40
1,35	0,30	2,37	1,19	0,24	2,87	1,35
1,40	0,34	2,36	1,14	0,29	2,85	1,30
1,45	0,39	2,36	1,10	0,34	2,83	1,26
1,50	0,44	2,36	1,05	0,39	2,81	1,22
ARMADO	TIPO 1			TIPO 2		

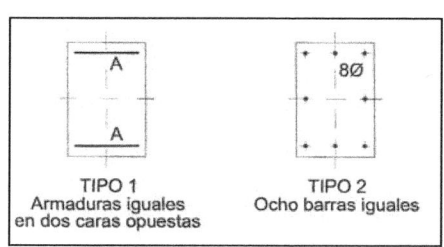

TIPO 1
Armaduras iguales
en dos caras opuestas

TIPO 2
Ocho barras iguales

Coeficientes para el dimensionamiento de secciones						
Axil ν	α_1	α_2	α_3	α_1	α_2	α_3
0,10	-0,15	2,53	2,02	-0,19	3,17	2,17
0,15	-0,20	2,59	2,07	-0,22	3,23	2,16
0,20	-0,24	2,65	2,12	-0,25	3,28	2,14
0,25	-0,27	2,69	2,16	-0,28	3,34	2,13
0,30	-0,30	2,73	2,19	-0,30	3,39	2,11
0,35	-0,32	2,75	2,22	-0,32	3,41	2,17
0,40	-0,33	2,76	2,24	-0,34	3,42	2,23
0,45	-0,33	2,76	2,27	-0,33	3,38	2,33
0,50	-0,32	2,75	2,29	-0,31	3,34	2,42
0,55	-0,31	2,75	2,34	-0,32	3,42	2,46
0,60	-0,29	2,75	2,39	-0,32	3,49	2,49
0,65	-0,28	2,79	2,34	-0,31	3,61	2,35
0,70	-0,26	2,82	2,29	-0,30	3,73	2,20
0,75	-0,24	2,86	2,24	-0,28	3,75	2,14
0,80	-0,21	2,89	2,18	-0,25	3,76	2,07
0,85	-0,18	2,90	2,13	-0,22	3,76	2,01
0,90	-0,15	2,90	2,07	-0,18	3,76	1,95
0,95	-0,11	2,91	2,02	-0,14	3,76	1,89
1,00	-0,07	2,91	1,96	-0,10	3,75	1,82
1,05	-0,04	2,97	1,81	-0,04	3,66	1,70
1,10	-0,01	3,02	1,66	0,03	3,56	1,57
1,15	0,04	3,02	1,60	0,08	3,55	1,51
1,20	0,08	3,01	1,54	0,12	3,53	1,44
1,25	0,13	3,00	1,48	0,17	3,52	1,38
1,30	0,17	2,99	1,42	0,22	3,50	1,31
1,35	0,22	2,98	1,37	0,27	3,48	1,26
1,40	0,27	2,97	1,32	0,32	3,46	1,21
1,45	0,32	2,95	1,27	0,37	3,45	1,17
1,50	0,37	2,93	1,22	0,41	3,43	1,12
ARMADO	TIPO 3			TIPO 4		

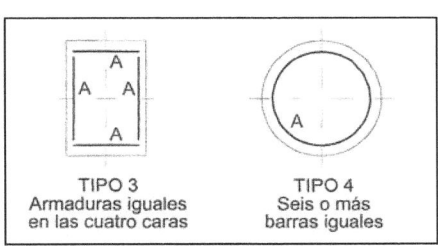

TIPO 3
Armaduras iguales
en las cuatro caras

TIPO 4
Seis o más
barras iguales

---

8. **ELEMENTOS LINEALES: PILARES Y VIGAS**

8.1. LAS VIGAS Y PILARES EN LA INSTRUCCIÓN EHE-08

Las referencias específicas a vigas y soportes en la Instrucción EHE-08, se encuentran, dentro de Capítulo 12, Elementos Estructurales, en los Artículos 53º (Vigas) y 54º (Soportes) y su redacción literal es la que sigue:

"Artículo 53º Vigas

Las vigas sometidas a flexión se calcularán de acuerdo con el Artículo 42º o las fórmulas simplificadas del Anejo nº 7, a partir de los valores de cálculo de las resistencias de los materiales (Artículo 15º) y de los valores mayorados de las acciones combinadas (Artículo 13º). Si la flexión está combinada con esfuerzo cortante, se calculará la pieza frente a este último esfuerzo con arreglo al Artículo 44º y con arreglo al Artículo 45º si existe, además, torsión. Para piezas compuestas se comprobará el Estado Límite de Rasante (Artículo 47º).

Asimismo se comprobarán los Estados Límite de Fisuración, Deformación y Vibraciones, cuando sea necesario, según los Artículos 49º, 50º y 51º, respectivamente.

Cuando se trate de vigas en T o de formas especiales, se tendrá presente el punto 18.2.1.

La disposición de armaduras se ajustará a lo prescrito en los Artículos 69º, para las armaduras pasivas, y 70º, para las armaduras activas.

Artículo 54º Soportes

Los soportes se calcularán, frente a solicitaciones normales, de acuerdo con el Artículo 42º o las fórmulas simplificadas del Anejo nº 7, a partir de los valores de cálculo de las resistencias de los materiales (Artículo 15º) y de los valores mayorados de las acciones combinadas (Artículo 13º). Cuando la esbeltez del soporte sea apreciable, se comprobará el Estado Límite de Inestabilidad (Artículo 43º). Si existe esfuerzo cortante, se calculará la pieza frente a dicho esfuerzo con arreglo al Artículo 44º y con arreglo al Artículo 45º si existe, además, torsión.

Cuando sea necesario se comprobará el Estado Límite de Fisuración de acuerdo con el Artículo 49º.

Los soportes ejecutados en obra deberán tener su dimensión mínima mayor o igual a 25 cm.

La disposición de armaduras se ajustará a lo prescrito en los Artículos 69°, para las armaduras pasivas, y 70°, para las armaduras activas.

La armadura principal estará formada, al menos, por cuatro barras, en el caso de secciones rectangulares y por seis barras en el caso de secciones circulares siendo la separación entre dos consecutivas de 35 cm como máximo. El diámetro de la barra comprimida más delgada no será inferior a 12 mm. Además, tales barras irán sujetas por cercos o estribos con las separaciones máximas y diámetros mínimos de la armadura transversal que se indican en 42.3.1.

En soportes circulares los estribos podrán ser circulares o adoptar una distribución helicoidal".

8.2. SOPORTES DE HORMIGÓN ARMADO

8.2.1. Generalidades

Los soportes o pilares de hormigón armado son piezas, generalmente verticales, en las que la solicitación normal es predominante. Sus secciones transversales pueden estar sometidas a compresión simple, compresión compuesta o flexión compuesta.

Son elementos de gran responsabilidad resistente, ya que su misión es transmitir las acciones que actúan sobre la estructura hasta la cimentación.

Las secciones más corrientes de los soportes de hormigón armado son las rectangulares y cuadradas, aunque a veces pueden tener sección circular (columnas). La dimensión transversal mínima de los pilares realizados in situ será de 25 cm.

Las armaduras suelen estar constituidas por barras longitudinales y cercos o estribos. Las primeras constituyen la armadura principal y se encargan de absorber las compresiones, colaborando con el hormigón, o las tracciones en casos de flexión compuesta. Los cercos o estribos son las armaduras transversales, cuya misión es evitar el pandeo de las armaduras longitudinales y absorber, eventualmente, los esfuerzos cortantes.

De acuerdo con algunas normas, hasta la aparición de la EHE de 1998, en las piezas hormigonadas verticalmente, como en el caso de los soportes, la resistencia de cálculo del hormigón debía rebajarse en un 10% con objeto de prever la pérdida de resistencia debida al proceso de compactación (el agua tiende a elevarse hacia la parte superior de la pieza). En el caso de la vigente Instrucción de Hormigón Estructural, EHE-08, esta disminución de resistencia ya no se contempla por obvias razones, entre las que destaca una mayor calidad de los hormigones, un aumento de su capacidad resistente y un mayor control en los procesos constructivos.

Respecto al cálculo de secciones, vale lo dicho en los distintos métodos estudiados anteriormente (parábola - rectángulo, diagrama rectangular y fórmulas aproximadas), si bien es importante subrayar la conveniencia de disponer armaduras simétricas en dos caras o incluso en las cuatro caras del soporte.

En el caso de secciones sometidas a tracción, la anterior EHE, en su artículo 42.3.4, establecía una cuantía mínima de armadura del 20% de la del hormigón:

$$A_s \cdot f_{yd} \geq 0,20 \cdot A_c \cdot f_{cd}$$

Esta recomendación ha desaparecido de la redacción del Artículo 42º de la nueva Instrucción EHE-08, habiendo sido sustituida por la condición de que la capacidad mecánica de estas armaduras sea igual a la capacidad mecánica media a tracción del hormigón. Simplificando la expresión de la EHE-08 (es decir eliminando las referencias a armaduras activas y a fuerza de pretensado), la condición es la siguiente:

$$A_s \cdot f_{yd} \geq A_c \cdot f_{ct,m}$$

8.2.2. Compresión simple

Excentricidad mínima de cálculo

La compresión simple corresponde al caso en que la solicitación exterior es un esfuerzo normal **N** que actúa en el baricentro plástico de la sección, por lo que todas las fibras de la sección sufren un acortamiento uniforme del 2 por mil.

Como ya se ha apuntado anteriormente, al ser muy difícil que en la práctica se presente un caso de compresión simple por la incertidumbre que existe en el punto de aplicación del esfuerzo normal, las normas modernas recomiendan que estas piezas se calculen con una excentricidad mínima accidental, o bien que se aumenten los coeficientes de seguridad.

En el caso de la Instrucción (Art. 42.2.1), recordamos que la excentricidad mínima ficticia que se prescribe, en la dirección principal más desfavorable, es la mayor de los valores:

$$h / 20 \qquad ó \qquad 2,0 \text{ cm}$$

siendo **h** el canto total en esa dirección.

A veces resulta más cómodo aumentar convenientemente el coeficiente de seguridad γ_f de la solicitación, de manera que los resultados obtenidos concuerden con los que corresponden a la excentricidad mínima o queden del lado de la seguridad.

Fórmulas prácticas de compresión simple

De acuerdo con lo anterior, se pueden establecer unas fórmulas prácticas para el cálculo de soportes sometidos a compresión simple con armaduras simétricas o doblemente simétricas, debidas al Prof. Jiménez Montoya y asociados, que se exponen a continuación, siendo válidas para pilares con esbeltez geométrica menor de 10.

a) En el caso de secciones rectangulares se expresa en la forma:

$$\boxed{\gamma_n \cdot N_d \le N_u = f_{cd} \cdot b\,h + A_s \cdot f_{yd}}$$

con los siguientes significados:

N_d = esfuerzo axil de cálculo

N_u = esfuerzo axil último de agotamiento

b, h = dimensiones totales de la sección

f_{cd} = resistencia de cálculo del hormigón

A_s = área total de la sección de acero

f_{yd} = resistencia de cálculo del acero, no mayor que 400 N/mm²

γ_n = coeficiente complementario de mayoración de cargas.

La resistencia de cálculo del acero a compresión debe limitarse a 400 N/mm2 (Artículo 40.3.3 de la EHE-08).

Por otra parte, el coeficiente complementario γ_n de mayoración de cargas, para recubrimientos de hasta un 15 por 100, viene dado por la expresión:

$$\gamma_n = \frac{b+6}{b} \ge 1,15$$

con la dimensión menor **b** de la sección expresada en centímetros.

b) Para pilares de sección circular, la fórmula de compresión simple se puede expresar de la siguiente forma:

$$\boxed{\gamma_n \cdot N_d \le N_u = f_{cd} \cdot \pi \frac{h^2}{4} + A_s\, f_{yd}}$$

En este caso el coeficiente complementario γ_n de mayoración de cargas tiene el valor:

$$\gamma_n = \frac{h+6,4}{h} \geq 1,16$$

siendo **h** el diámetro de la sección en cm.

Siguiendo el criterio general de la EHE-08, se lleva la tensión del hormigón hasta su resistencia de cálculo sin necesidad de reducirla al 85% como hasta entonces.

8.2.3. Disposiciones relativas a las armaduras

Armaduras longitudinales

-   Las armaduras longitudinales tendrán un diámetro no menor de 12 mm (Art. 54º de la EHE-08) y se situarán en las proximidades de las caras del pilar, debiendo disponerse por lo menos una barra en cada esquina.

-   En los soportes de sección circular el número mínimo de barras será de 6.

-   Los recubrimientos de las armaduras principales deben estar comprendidos entre 2 y 5 cm, no debiendo ser inferior al diámetro de las barras ni al tamaño máximo del árido.

-   La separación máxima entre dos barras consecutivas de la misma cara no debe ser superior a 35 cm.

-   Toda barra que diste más de 15 cm de sus contiguas deberá arriostrarse mediante cercos o estribos (Art. 42.3.1 de la EHE-08).

-   La separación mínima entre dos barras de la misma cara (para que el hormigón pueda ser vibrado adecuadamente) deberá ser al menos de 2 cm, el diámetro de la mayor y 1,20 veces el tamaño máximo del árido. En las esquinas de los soportes se podrán colocar dos o tres barras en contacto (grupos de barras).

-   La capacidad de las armaduras longitudinales de los soportes sometidos a compresión simple o compuesta, según la Instrucción EHE (art. 42.3.3), estarán comprendidas en los siguientes intervalos:

$$0,05 \cdot N_d \leq U_{s1} \leq 0,5 \cdot U_a \quad ; \quad 0,05 \cdot N_d \leq U_{s2} \leq 0,5 \cdot U_a$$

siempre que la resistencia de cálculo del acero no sea superior a 400 N/mm^2.

Estas cuantías máximas en el caso de compresión simple con armadura simétrica, se reducen a la siguiente condición:

$$0,1 \cdot N_d \leq U_s \leq U_a$$

siendo U_s la capacidad total de las armaduras longitudinales en compresión.

Dicho de otra forma, la capacidad mecánica total de las armaduras deberá cubrir al menos el 10% del esfuerzo axil de cálculo y no podrá ser superior a la capacidad mecánica total de la sección de hormigón.

- Se comprobará además que las cuantías geométricas no son inferiores al 4 por mil de la sección total de hormigón (válido para cualquier tipo de acero corrugado). La Tabla 42.3.5 de la Instrucción EHE-08, como ya se ha repetido, establece las cuantías geométricas mínimas, en tanto por mil, referidas a la sección total de hormigón, para los distintos tipos de elemento estructural: pilares, losas, vigas y muros, según el tipo de acero que se utilice.

Armaduras transversales

- Con objeto de evitar la rotura por deslizamiento del hormigón, la separación s entre planos de cercos o estribos debe ser:

$$s \leq b_e$$

siendo b_e la menor dimensión del núcleo de hormigón, limitado por el borde exterior de la armadura transversal, recomendándose no superar la separación **s** = 30 cm.

- Con el fin de evitar el pandeo de las barras longitudinales comprimidas, la separación s deberá ser:

$$s \leq 15\,\phi$$

siendo ϕ el diámetro de la barra longitudinal más delgada.

- Para estructuras ubicadas en zonas sísmicas importantes o sometidas a la acción del viento, o en general para obras especialmente delicadas, la separación no deberá sobrepasar los 12 diámetros de la barra longitudinal más delgada.

- El diámetro de cercos o estribos no debe ser inferior a ¼ del diámetro correspondiente a la barra longitudinal más gruesa, y en ningún caso será inferior a 6 mm (Art. 42.3.1 EHE-08).

- Para el caso de pilares circulares, los estribos podrán ser circulares o helicoidales.

8.3. VIGAS DE HORMIGÓN ARMADO

8.3.1. Dimensiones de la sección transversal

El canto de las vigas determina de manera muy importante la rigidez de las mismas. Por ello el predimensionamiento de la pieza debe contemplar la relación entre el canto y la luz del elemento con la deformabilidad que pueda tener.

En el caso de **vigas planas**, los cantos de la viga y del forjado serán iguales. Siendo L la luz de la viga, es conveniente que los cantos sean al menos:

- h = L/18   para vanos extremos
- h = L/20   para vanos interiores
- h = L/8   para voladizos

En el hipotético caso de que hubiera una viga simplemente apoyada, esta relación deberá ser como mínimo de L/14.

La utilización de cantos reducidos en vigas planas conlleva que los errores en la colocación de la armadura longitudinal influyan de manera notable en el canto de las mismas, pudiendo provocar problemas de deformaciones, incluso deformaciones diferidas si se producen altas tensiones en servicio sobre el hormigón.

En el caso de vigas planas donde el ancho sea tal que el "vuelo transversal" (es decir la distancia de la cara del pilar al borde de la viga) sea superior a 1,5 veces el canto h de la viga, será necesario estudiar el modo de transmisión de los esfuerzos de la viga al pilar. Por eso no es conveniente sobrepasar dicho ancho.

Para el canto indicado, los anchos de las vigas planas no deberían ser inferiores a:

- b = L/10   para alineaciones con paños a ambos lados
- b = L/10 - 0,10m   para alineaciones con paños a un solo lado
- b = 0,30 m   para alineaciones sin paños de forjado.

Para vigas con luz mayor de 5,50 m conviene aumentar los anchos en 10 cm.

En el caso de **vigas descolgadas**, se estiman las siguientes dimensiones:

- anchos comprendidos entre 25 y 40 cm
- cantos comprendidos entre L/10 y L/12, pudiéndose llegar a L/14.

En general tampoco es recomendable disponer de vigas con el mismo ancho que el pilar donde se insertan, ya que esto reduce el espacio entre las armaduras del nudo.

8.3.2. Armado práctico de una viga

El procedimiento de armado de una viga se efectúa en tres fases:

1ª) Determinación de las dimensiones de la viga.

- Se fija el ancho **b** mediante criterios de diseño.

- Se fija el canto **h** mediante criterios de cálculo o de economía, en función del momento máximo previsible, de manera que no sea necesaria la armadura de compresión. (Se disponen unas armaduras de montaje, que no se consideran en el cálculo).

2ª) Dimensionamiento de armaduras longitudinales.

- Se dibuja el diagrama de flectores y se desplaza en una distancia **d** hacia el apoyo (los momentos positivos) o hacia el vano (los negativos).

- Se fija, por cualquiera de los métodos admitidos, el número de barras n correspondiente a los máximos momentos de cálculo (tanto negativos como positivos) en las secciones extremas y en la central, y se divide el diagrama de flectores en n franjas paralelas.

- Estas franjas cortarán a la curva de los momentos en puntos donde la armadura de tracción puede irse disminuyendo en una barra. Dichos puntos se prolongarán en una longitud de anclaje l_b, según las recomendaciones de anclajes (EHE, 69.5.1).

- Al menos dos barras se prolongarán en toda la longitud de la viga (tanto la armadura de positivos como la de negativos) para que sirvan de sujeción de los estribos.

- Las barras que se sitúen en zonas comprimidas, si no son necesarias (caso de las armaduras de montaje), no se deben considerar en el cálculo, para no tener que colocar los estribos demasiado juntos ($s_t \leq 15\ \phi$).

- En la práctica se admite que el resto de barras se corten con las longitudes siguientes:

  - **de L/2 a 2L/3 para los momentos positivos y**

  - **entre L/3 y L/4 para los momentos negativos.**

8.4. EL ESFUERZO CORTANTE

8.4.1. Generalidades

El comportamiento de una pieza de hormigón armado cuando se considera la actuación de los esfuerzos transversales (cortante y momento torsor) es complejo. El efecto de las tensiones tangenciales, creadas por el cortante y el torsor, es el de inclinar las tensiones principales de tracción con respecto a la directriz de la pieza. Cuando aumentan las cargas, el hormigón se fisura y la relación de tensiones entre hormigón y armaduras varía conforme la fisuración aumenta y hasta que se llega a la rotura.

El objeto de las armaduras transversales es el de proporcionar una seguridad razonable frente a los distintos tipos de rotura de una pieza de hormigón (por flexión, por cortante, por compresión del alma o por deslizamiento de las armaduras) y, al mismo tiempo, mantener la fisuración dentro de los límites razonables.

El mecanismo resistente mediante el cual el hormigón y las armaduras soportan conjuntamente el esfuerzo cortante, en el caso de una viga de sección constante, es el de la celosía de Ritter-Mörsch, en el cual la carga aplicada a la pieza se descompone en una compresión longitudinal en cabeza de la pieza y otra en biela a 45°, que a su vez provoca tracciones longitudinales en la armadura inferior y en la diagonal perpendicular a la biela.

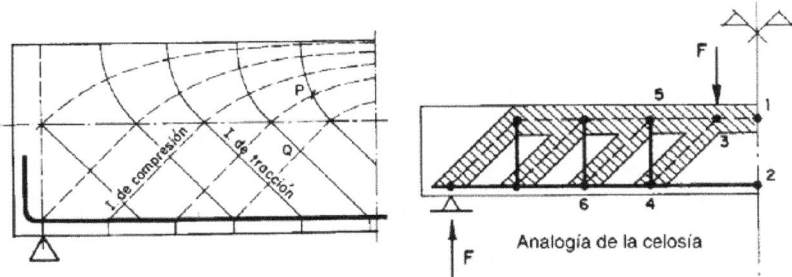

Red de isostáticas en la zona próxima al apoyo   Analogía de la celosía

8.4.2. Dimensionamiento por el método de rotura

En el dimensionamiento a cortante en la situación de rotura, suele admitirse la colaboración del hormigón, resultando una fórmula en la que se suma la contribución del mismo V_{cu} con la de las armaduras V_{su}. La contribución del hormigón se basa en varios efectos que han sido estudiados ensayando hasta la rotura vigas sin armaduras transversales.

En lo que sigue se estudia el cálculo habitual a esfuerzo cortante en las estructuras convencionales de edificación, es decir con estribos a 90º cuando es necesaria la armadura de cortante. También se ha adoptado como ángulo de formación de fisuras θ=45º.

La comprobación o dimensionamiento por cortante conlleva la comprobación de que el cortante de cálculo V_d no supera ni la resistencia V_{u1} a compresión oblicua del alma ni la resistencia V_{u2} a tracción del alma.

En virtud de estos efectos, se llega a la conclusión de que el hormigón puede resistir, en la situación de rotura, un esfuerzo cortante V_{cu}, cuyo valor, para el caso habitual de piezas de estructuras de edificación armadas con cercos o estribos ortogonales a la directriz tiene el valor:

$$V_{cu} = f_{cv} \cdot b \cdot d$$

siendo $\qquad f_{cv} = 0,10\, \xi \left(100 \rho_1\, f_{ck}\right)^{1/3}$ la resistencia virtual a cortante del hormigón,

$$\xi = 1 + \sqrt{\frac{200}{d}} \text{ un factor, (siempre } \leq 2\text{), con d en mm,}$$

$\rho_1 = \dfrac{A_s}{bd} \leq 0,02$ la cuantía geométrica de la armadura longitudinal traccionada

en la sección que se estudia ($\leq 0,02$),

f_{ck} = resistencia característica del hormigón, en N/mm2.

Para piezas sin armadura de cortante, la comprobación y el dimensionamiento se realizarán de acuerdo a la siguiente fórmula:

$$V_d \leq V_{cu} = 0,12\, \xi \left(100 \rho_1\, f_{ck}\right)^{1/3} b\, d$$

Mientras el esfuerzo cortante de cálculo V_d no supere el valor de V_{cu}, no serían teóricamente necesarias las armaduras transversales. Esta es la condición que deben cumplir las zapatas, como se verá más adelante.

En el caso de que el cortante de cálculo V_d fuese superior al que resiste el hormigón, se deberán disponer armaduras transversales que resistan un cortante V_{su} de manera que se cumpla:

$$\boxed{V_{su} \geq V_d - V_{cu}}$$

Las vigas deben siempre llevar estribos aunque el cortante de cálculo sea inferior al que resisten por sí solo el hormigón.

8.4.3. El esfuerzo cortante según la Instrucción

El Estado Límite de Agotamiento frente a esfuerzo cortante, tratado en el artículo 44 de la EHE, se puede alcanzar en dos situaciones:

- por agotarse la resistencia V_{u1} a compresión oblicua del alma;

- por agotarse la resistencia V_{u2} a tracción de la pieza.

Será necesario comprobar, como ya se ha dicho, que se cumple simultáneamente:

$$\boxed{V_d \leq V_{u1}} \qquad y \qquad \boxed{V_d \leq V_{u2}}$$

Obtención de V_{u1}

El esfuerzo cortante de agotamiento por compresión oblicua del alma se deduce de una expresión general que tiene en cuenta el valor de un coeficiente K, el ángulo α que las armaduras forman con el eje de la pieza y el ángulo θ de las bielas de compresión.

En el caso específico de los pilares de edificación con dimensiones y solicitaciones habituales, y con cercos o estribos normales a la directriz, la expresión general anterior se queda reducida a la siguiente:

$$\boxed{V_d \leq V_{u1} = 0,30\ b\ d\ f_{cd}}$$

Obtención de V_{u2}

El esfuerzo cortante de agotamiento por tracción en el alma, para piezas con armadura de cortante, tiene que cumplir la condición:

$$\boxed{V_d \leq V_{u2} = V_{cu} + V_{su}}$$

siendo V_{cu} la contribución del hormigón a cortante

$\qquad V_{su}$ la contribución de la armadura transversal a cortante.

Para el caso habitual de vigas sometidas a flexión simple o compuesta con armadura transversal, la resistencia de ésta (valor del cortante absorbido por estribos normales a la directriz de la pieza) será:

$$\boxed{V_{su} = \frac{0,9\ d}{s}\ A_{90}\ f_{yd90}}$$

siendo: A_{90} = sección total de un estribo

f_{yd90} = resistencia de cálculo del acero

s = separación entre estribos

d = canto útil de la pieza.

8.4.4. Dimensionamiento de armaduras transversales en las vigas

Procedimiento Se determina el esfuerzo cortante V_{cu} que absorbe el hormigón y el cortante máximo V_{u1} de agotamiento por compresión del alma:

$$\boxed{V_{cu} = f_{cv}\, b\, d} \qquad \boxed{V_{u1} = 0{,}30\, f_{cd}\, b\, d}$$

siendo $f_{cv} = 0{,}10\, \xi \cdot (100 \rho_1 \cdot f_{ck})^{\frac{1}{3}}$

$$\xi = 1 + \sqrt{\frac{200}{d}}$$

$$\rho_1 = \frac{A_s}{b \cdot d}$$

- Estos valores se comparan, en las distintas secciones, con el esfuerzo cortante de cálculo V_d, cuyo valor máximo se encuentra en una sección situada a una distancia d desde el borde exterior del apoyo. Habrá entonces tres casos:

1. Si $\boxed{V_d \le V_{cu}}$ el hormigón resiste por sí solo el cortante, y la viga no necesitaría, por cálculo, la armadura transversal, pero se colocarán estribos de diámetro 6 mm (o superior a ¼ del diámetro de las barras longitudinales), con una separación de 0,75·d y no superior a 30 cm.

2. Si $\boxed{V_{cu} \le V_d \le V_{u1}}$ se determina la armadura transversal necesaria para absorber el cortante residual $V_{su} = V_d - V_{cu}$ de la siguiente manera:

   • en el diagrama de cortantes de cálculo se descuenta el que absorbe el hormigón V_{cu} trazando una paralela al eje de abscisas;

- en las zonas en que el cortante sea mayor que el que absorbe el hormigón, se determinarán los estribos necesarios para resistir el cortante V_{su} residual (ver tabla adjunta).

3. Si $\boxed{V_d > V_{u1}}$ es necesario, según las prescripciones de EHE, aumentar las dimensiones de la sección.

Desde un punto de vista práctico el procedimiento es muy simple: sabiendo cuál es el cortante de cálculo V_d y una vez calculada la contribución V_{cu} de la sección de hormigón frente a cortante, será suficiente entrar en la correspondiente tabla y elegir la disposición de cercos (diámetro y separación) necesaria para resistir al menos el cortante V_{su} residual.

ESFUERZO CORTANTE DE AGOTAMIENTO QUE ABSORBEN LOS ESTRIBOS DE DOS RAMAS (KiloNewtons)

Acero: B 500 S

$fyk = 500$ N/mm²
$fyd = 400$ N/mm²

s/d	ESTRIBOS DE DOS RAMAS		
	2∅6	2∅8	2∅10
0.10	203,6	361,9	565,5
0.15	135,7	241,3	377,0
0.20	101,8	181,0	282,7
0.25	81,4	144,8	226,2
0.30	67,9	120,6	188,5
0.35	58,2	103,4	161,6
0.40	50,9	90,5	141,4
0.45	45,2	80,4	125,7
0.50	40,7	72,4	113,1
0.55	37,0	65,8	102,8
0.60	33,9	60,3	94,2
0.65	31,3	55,7	87,0
0.70	29,1	51,7	80,8
0.75	27,1	48,3	75,4

Otra forma de proceder es la de determinar la separación **s** adecuada para cumplir con el cortante remanente **V_{su}** necesario una vez elegido el diámetro de los estribos y la disposición en dos o en cuatro ramas.

La comprobación es inmediata utilizando la expresión vista anteriormente:

$$\boxed{V_{su} = \frac{0,9\,d}{s}\, A_{90}\, f_{yd90}}$$

8.4.5. Recomendaciones y limitaciones

1º. La cuantía mecánica mínima de las armaduras transversales $A \cdot f_{yd}$, para que puedan tenerse en cuenta, no será inferior al 2 por ciento de $f_{cd} \cdot b \cdot d$, siendo **b** y **d** el ancho y el canto útil de la pieza.

2º. Para garantizar la seguridad contra la rotura por compresión oblicua del hormigón, el cortante total de cálculo V_d absorbido por una sección $(V_{cu} + V_{su})$, será:

$$V_d \le 5 \cdot f_{cv} \cdot b \cdot d$$

en caso de que esta condición no se cumpla, habrá que redimensionar la sección, aumentando el ancho o el canto de la misma.

3º. La separación máxima **s** entre estribos deberá cumplir las condiciones siguientes:

si el cortante de cálculo **V**$_d$ es inferior a 1/5 del cortante último **V**$_{u1}$, la separación máxima será:

$$s_t \leq 0,75 \cdot d \quad (\leq 600 \text{ mm})$$

si el cortante de cálculo está comprendido entre 1/5 y 2/3 del cortante último, la separación máxima será:

$$s_t \leq 0,60 \cdot d \quad (\leq 450 \text{ mm})$$

si el cortante de cálculo es superior a 2/3 del cortante último, la separación máxima deberá ser:

$$s_t \leq 0,30 \cdot d \quad (\leq 300 \text{ mm})$$

En el caso de que, además, exista armadura longitudinal de compresión y se tenga en cuenta en el cálculo, la separación, como ya se ha dicho anteriormente, no deberá ser superior a 15 veces el diámetro de la misma y su diámetro no podrá ser inferior a la cuarta parte del diámetro de la armadura de compresión. Si la armadura comprimida es sólo de montaje (con $\phi \leq$ 20 mm), esta última condición se puede eludir.

Para simplificar la ferralla es recomendable usar sólo estribos de dos ramas y emplear separaciones de 150, 200, 250 y 300 mm. Colocar los estribos a menos de 150 mm puede crear problemas, especialmente si a la viga se enlazan viguetas de forjado. La mejor solución es parearlos.

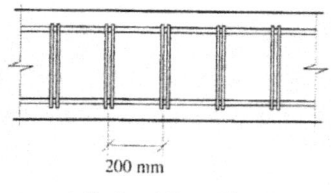

200 mm

a) Estribos dobles a 200 mm

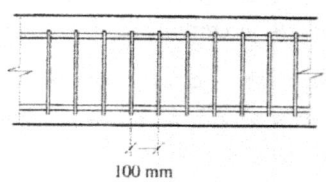

100 mm

b) Estribos simples a 100 mm

De esta forma se facilita la puesta en obra. En piezas anchas (0,5 m o más) puede ser adecuado distribuir los estribos en la sección disponiendo 4 ramas, de manera que permitan rigidizar la ferralla.

8.5.   EJEMPLO DE ARMADO DE UNA VIGA

Determinar las armaduras longitudinales y transversales de una viga de 5,10 m de luz libre, sección rectangular de 0,60 x 0,30 de canto total con recubrimientos de 3 cm, de hormigón HA-25 y acero B500S, apoyada en sus extremos y sometida a una carga uniforme q = 24,0 kN/m.

SOLUCIÓN

Se deberán prever las armaduras longitudinales que puedan absorber el momento de cálculo M_d en el centro del vano, mientras que las armaduras transversales se calcularán para resistir el cortante de cálculo V_d en las zonas más próximas a los apoyos.

a. **Armaduras longitudinales**

Momento de cálculo en el centro del vano:

$$M_d = \frac{\gamma_f \, qL^2}{8} = \frac{1,5 \times 24,0 \times 5,10^2}{8} = 117,04 \text{ kN·m}$$

Capacidad mecánica de la sección de hormigón:

$$U_0 = f_{cd} b \, d = 0,60 \times 0,27 \times \frac{25.000}{1,5} = 2.700 \text{ kN}$$

Según las Fórmulas Aproximadas:

Calculamos el momento reducido correspondiente:

$$\mu = \frac{M_d}{U_0 \, d} = \frac{117,04}{2.700 \times 0,27} = 0,1605 < 0,2961$$

No se necesita armadura de compresión, por lo que dispondremos solamente unos redondos de montaje.

La cuantía de la armadura de tracción será:

$$\omega = \mu \left(1 + 0,77 \cdot \mu \right) = 0,1605 \times 1,1236 = 0,180$$

Y la capacidad mecánica será:

$$U = \omega\, U_0 = 0{,}180 \times 2.700 = 486\,kN$$

Dispondremos en la zona superior **3ϕ12** como armadura de montaje y en la zona inferior, para tracción, **7ϕ16** (U = 563,0 kN).

Las barras de la armadura de montaje se mantendrán a lo largo de toda la viga en su zona superior, mientras que 4 de los 7 redondos de tracción los dispondremos solamente en la mitad central de la viga, dejando cerca de los apoyos solamente 3 de ellos, que nos servirán de sujeción para los cercos.

b. **Armaduras transversales**

La sección de estudio para el cortante máximo se encuentra a la distancia de un canto útil del borde del apoyo, es decir, a una distancia de:

$$\boxed{\dfrac{5{,}10}{2} - 0{,}27 = 2{,}28\,m}$$

El cortante de cálculo en esa sección valdrá:

$$\boxed{V_d = 1{,}5 \times 24{,}0 \times 2{,}28 = 82{,}08\,kN}$$

Cortante último de agotamiento por compresión del alma:

$$\boxed{V_{u1} = 0{,}30\,U_0 = 0{,}30 \times 2.700 = 810{,}0\,kN}$$

(estamos en el caso 1º: $V_d > V_{u1}/5$ a efectos de la separación máxima).

Resistencia a cortante del hormigón en la zona de mayor cortante y menor momento (donde la armadura longitudinal a tracción se reduce a 3ϕ16):

$$\xi = 1 + \sqrt{\dfrac{200}{d}} = 1 + \sqrt{\dfrac{200}{270}} = 1{,}86$$

$$\rho_1 = \dfrac{A_s}{b\,d} = \dfrac{6{,}03}{60 \times 27} = \dfrac{6{,}03}{1.620} = 3{,}72 \times 10^{-3}$$

$$f_{cv} = 0{,}10\,\xi \left(100\,\rho_1\,f_{ck}\right)^{1/3} = 0{,}186 \times (0{,}372 \times 25)^{1/3} = 0{,}391\,N/mm^2 = 391\,kN/m^2$$

Contribución del hormigón:

$$V_{cu} = f_{cv}\, b\, d = 391 \text{x} 0,60 \text{x} 0,27 = 63,34\,\text{kN}$$

Cortante residual que deberán soportar los estribos:

$$V_{su} = V_d - V_{cu} = 82,08 - 63,34 = \underline{18,74\,\text{kN}}$$

Pero el cortante que deben resistir los estribos para considerarlos en el cálculo es del 2% de U_0, es decir:

$$2\% \text{ x } 2.700\,\text{kN} = 54,0\,\text{kN}$$

Consultando la tabla de estribos para acero B500 S, obtenemos que para absorber un cortante algo mayor (58,2 kN) se necesitan **estribos de 2 ramasϕ6** con una separación s/d=0,35 (s = 0,35 x 27 = 9,45 cm).

Disponiendo entonces unos estribos de 4 ramas ϕ6 cada 20 cm, desde los apoyos hasta ¼ de la luz, se resistirá un cortante de:

$$V_{su} = \frac{0,9\,d}{s} U_{90} = \frac{0,9 \text{x} 27}{20} \text{x} 45,2\,\text{kN} = 54,92\,\text{kN}$$

Adoptaremos entonces: 2 c 2 r 6 cada 20 cm

En la mitad central irán estribos simples (2 ramas de ϕ6) con la máxima separación equivalente a 0,75·d: 20 cm.

---

9. LAS CIMENTACIONES SUPERFICIALES

9.1. GENERALIDADES

Los elementos de cimentación que contempla la Instrucción EHE-08 se reducen prácticamente a las llamadas cimentaciones superficiales.

Bajo la denominación de cimentaciones superficiales se engloban las zapatas, los encepados y las losas de cimentación como elementos de transmisión de cargas al terreno a través de superficies de apoyo considerablemente más grandes que su canto o dimensión vertical. Tanto a las losas de cimentación como a las vigas de centrado y atado, y sobre todo a los pilotes, la EHE-08 –como las anteriores instrucciones de hormigón– no le otorgan excesiva atención, limitándose a hacer referencias al cumplimiento de artículos de tipo general (estados límite y requisitos para placas, vigas y pilares respectivamente), sin profundizar en aspectos específicos de estos elementos.

La profundidad del plano de apoyo suele ser reducida (generalmente menor de 3 metros), especialmente en el caso de las zapatas, al contrario de lo que sucede con los pilotes que, por su penetración en el terreno, reciben el nombre de cimentaciones profundas.

9.2. CLASIFICACIÓN DE LAS CIMENTACIONES DE HORMIGÓN

Los encepados y zapatas de cimentación pueden clasificarse en rígidos y flexibles. Este concepto de rigidez se refiere a la estructura y no presupone comportamiento específico alguno sobre la distribución de tensiones en el terreno.

En la siguiente tabla se exponen algunos ejemplos de esta clasificación.

	Rígidas	**Flexibles**
Método de cálculo más apropiado	Bielas y tirantes	Teoría general de flexión
Ejemplos	Encepados con v<2h en la dirección de más vuelo.	Encepados con v≥2h en la dirección de menor vuelo.
	Zapatas con v<2h en la dirección de más vuelo.	Zapatas con v≥2h en la dirección de menor vuelo.
	Pozos de cimentación.	Losas de cimentación.
	Elementos masivos de cimentación.	Vigas de cimentación.

En las cimentaciones de tipo rígido, la distribución de las deformaciones a nivel de sección no es lineal, y por tanto el método general de análisis más adecuado es el de bielas y tirantes. No es necesaria la comprobación a cortante. La armadura inferior de zapatas rígidas también se puede comprobar por el método de zapatas flexibles.

En las cimentaciones de tipo flexible la distribución de deformaciones a nivel de sección se puede considerar lineal, por lo que es de aplicación la teoría general de flexión. Es necesaria la comprobación a cortante y a punzonamiento.

9.3. TIPOLOGÍA DE ZAPATAS

Pueden clasificarse de diversas maneras según distintos conceptos:

1. Por su forma de trabajo,

2. Por su morfología o

3. Por su forma en planta.

1. En lo referente a su forma de trabajo pueden clasificarse en:

- aisladas.

- combinadas.

- continuas bajo pilares.

- continuas bajo muros.

- arriostradas o atadas.

2. Atendiendo a su morfología pueden ser:

- rectas

- escalonadas

- ataluzadas

3. En cuanto a su forma en planta pueden ser:

- rectangulares o cuadradas

- circulares

- poligonales

aunque en la mayor parte de los casos, y buscando una mayor facilidad constructiva, las zapatas se construyen de canto recto y con forma en planta cuadrada o rectangular.

9.4.   CRITERIOS GENERALES DE PROYECTO

Los elementos de cimentación se dimensionarán para resistir las cargas actuantes y las reacciones inducidas. Para ello será necesario que las solicitaciones sobre el elemento se transmitan íntegramente al terreno (caso de zapatas) o a los pilotes en que se apoya (caso de los encepados).

1. Comprobación de tensiones en el terreno.

Se utilizan los valores **de servicio** de las acciones exteriores que actúan sobre el terreno: todas las cargas transmitidas por la cimentación, incluido el peso propio de la misma y el peso de las tierras, así como las cargas uniformes repartidas por encima del plano de cimentación.

2. Comprobación estructural del cimiento.

Se considera la reacción del suelo a las acciones **mayoradas** transmitidas por la cimentación, descontando el peso propio de la misma y las cargas uniformes por encima del plano de cimentación.

9.5.   LA ZAPATA AISLADA

9.5.1. Predimensionamiento de la zapata

Las dimensiones en planta de la zapata se obtienen con la comprobación de las **presiones sobre el suelo**.

El área **A** necesaria se deduce directamente de la expresión:

$$A = a\,b \geq \frac{N+P}{\sigma_{adm}}$$

Al no conocer inicialmente el peso **P** de la zapata, es necesario efectuar tanteos suponiendo que el peso propio es una fracción de la carga (entre el 8 y el 10% de **N**).

El canto de la zapata viene dado por su dimensionamiento como pieza de hormigón.

Por razones económicas **el canto debe ser el menor posible**, siendo el óptimo aquél por debajo del cual es necesaria la armadura de cortante.

Para evitar tanteos y comprobaciones a cortante y punzonamiento en la mayoría de los casos, se recomienda adoptar un canto equivalente al vuelo dividido por 1,5 en cualquiera de las dos direcciones: $h \geq v\,/\,1{,}5$.

9.5.2. Distribución de presiones en el terreno

La mayoría de las zapatas de edificación se calculan con carga centrada, ya que los momentos son pequeños en relación con la resultante de cargas **N + P**.

En una zapata rectangular, de lados **a** y **b**, si la resultante es centrada, la presión del terreno es uniforme y debe cumplirse:

Si la carga actúa con una excentricidad reducida **e ≤ a/6** en una dirección, se obtiene una distribución trapecial y las <u>presiones máximas y mínimas</u> en el borde de la zapata tienen la expresión:

$$\sigma_2^1 = \frac{\Sigma N}{A} \pm \frac{M}{W} \quad \text{es decir :} \quad \sigma_2^1 = \frac{N+P}{a\,b} \pm \frac{6\,M}{b\,a^2}$$

teniendo en cuenta el volumen del prisma trapecial de tensiones y debe verificarse:

$$\sigma_1 \leq 1{,}25\sigma_{adm}$$

Si la carga actúa con una mayor excentricidad e > a/6 tenemos una distribución triangular y la presión máxima es, teniendo en cuenta el volumen del prisma triangular de tensiones

$$\boxed{\sigma_1 = \frac{4}{3}\frac{N+P}{(a-2\,e)\,b}}$$

9.5.3. Comprobación al vuelco y al deslizamiento

1) Cuando una zapata está sometida a momentos o fuerzas horizontales importantes se debe comprobar la <u>seguridad al vuelco</u>, a menos que los elementos estructurales que sustentan impidan dicho vuelco.

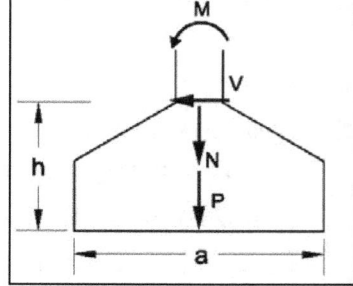

La condición que se impone es que los momentos estabilizadores de las fuerzas exteriores superen a los momentos de vuelco:

$$(N+P)\cdot\frac{a}{2} \geq (M+V\cdot h)\cdot C_{sv}$$

siendo: N, M, V = solicitaciones en la cara superior de la zapata

P = peso propio de la zapata

a, h = ancho y altura total de la zapata

C_{sv} = coeficiente de seguridad al vuelco, de valor 1,5

2) Cuando una zapata no está arriostrada y está sometida a acciones horizontales importantes se comprobará la <u>seguridad al deslizamiento</u>. En este caso la fuerza estabilizante deberá superar un coeficiente de 1,5 veces la desestabilizante, según las expresiones:

para suelos cohesivos (arcillas): $A\ c_d \geq C_{sd}\ V$

para suelos no cohesivos (arenas): $(N+P)\ tg\ \varphi_d \geq C_{sd}\ V$

siendo: N, V = axil, y cortante en la cara superior de la zapata

   P = peso propio de la zapata

   A = superficie en planta de la zapata

   C_{sd} = coeficiente de seguridad al deslizamiento, de valor 1,5

   c_d = valor minorado de la cohesión del terreno (0,5 c)

   φ_d = valor minorado del ángulo de rozamiento interno (2φ/3).

9.5.4. Zapatas de hormigón en masa

Se emplean para cargas pequeñas en obras de poca importancia o en casos en los que la profundidad del terreno firme aconseje aumentar el canto. En otros casos son antieconómicas.

Se recomienda que el vuelo no supere el canto total (v ≤ h).

Comprobación a flexión en la sección 1-1 en la sección de referencia situada a una distancia de la cara del pilar de 0,15 a' siendo a' la dimensión del pilar.

➤ Se calcula el momento M_d:

La máxima tracción del hormigón se determina por el método clásico, en función del momento resistente de una sección rectangular:

$$M_d = \frac{1}{2}\sigma_t\ b\left(v + 0,15\ a'\right)^2$$

Si queremos conocer la necesidad o no de armar el cimiento, obtendremos la tensión σ_{ct} de tracción del hormigón en la cara inferior de la zapata, supuesta sin armar:

$$\sigma_{ct} = \frac{M_{d1}}{W_1} = \frac{6\ M_d}{b\ h^2}$$

siendo: M_{d1} = momento flector mayorado en la sección S_1

W$_1$ = momento resistente de la sección S_1

y la comparamos con la resistencia de cálculo a tracción del hormigón:

$$f_{ct,d} = \frac{0,21\sqrt[3]{f_{ck}^2}}{\gamma_c}$$

de donde se deduce el mínimo valor del canto total h para que la tracción sea inferior a la resistencia de cálculo del hormigón a flexotracción, calculada según la expresión anterior.

9.6. CÁLCULO ESTRUCTURAL DEL CIMIENTO

El cimiento como elemento estructural debe dimensionarse y en su caso armarse considerando los valores ponderados de las solicitaciones debidas a las reacciones del terreno, es decir afectando estas solicitaciones por el coeficiente de mayoración de cargas.

En las zapatas de hormigón armado se admite que la forma de trabajo es diferente, según sea la relación entre vuelo **v** y canto **h**. En las zapatas de poco canto en relación con el vuelo, el mecanismo es el clásico de flexión, donde solo una pequeña zona central trabaja como bielas de compresión y el resto trabaja a flexión, mientras que en zapatas con poco vuelo la zona exterior que trabaja a flexión se reduce o se anula, quedando únicamente la zona central que trabaja como bielas en abanico.

Las zapatas reciben en la Instrucción EHE-08 vigente la denominación de zapatas **rígidas** (con vuelo **v ≤ 2 h**), y zapatas **flexibles** (con vuelo **v > 2 h**). En lo referente a cálculo estructural, según EHE, las zapatas rígidas se estudian por el método de bielas y tirantes y las flexibles se arman según el método a flexión, aunque aquéllas se pueden comprobar también por este procedimiento.

A continuación se establecen los distintos cálculos y comprobaciones que se deben efectuar para ambos tipos de zapatas en hormigón armado.

9.6.1. Zapatas rígidas. Cálculo de la cimentación.

1. Caso general

El modelo a tener en cuenta en cada una de las direcciones de la zapata que se considera rígida será el de bielas y tirantes, según se refleja en la figura adjunta.

La armadura necesaria para resistir T_d será:

$$T_d = \frac{R_{1d}}{0,85 \cdot d} \cdot \left(x_1 - \frac{a'}{4} \right) = A_s \cdot f_{yd}$$

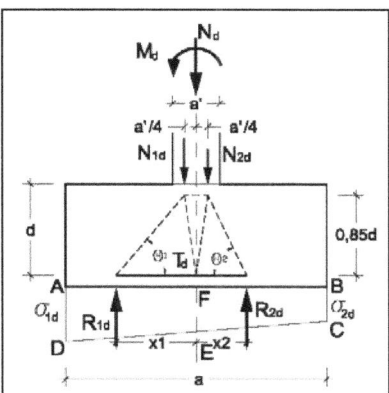

donde las incógnitas x_1 y x_2 son:

x_1 = distancia del eje de la zapata hasta el centro de gravedad del área A-F-E-D,

x_2 = distancia del eje de la zapata hasta el centro de gravedad del área B-C-E-F,

no pudiendo ser la resistencia de cálculo de las armaduras f_{yd} superior a 400 N/mm2.

En el caso que nos ocupa, las distancias son las siguientes (centro de gravedad de un trapecio):

$$x_2 = \frac{a}{6} \left(\frac{2 \cdot \sigma_{2d} + \sigma_{med}}{\sigma_{2d} + \sigma_{med}} \right) \qquad x_1 = \frac{a}{2} - \frac{a}{6} \left(\frac{2 \cdot \sigma_{med} + \sigma_{1d}}{\sigma_{med} + \sigma_{1d}} \right) \qquad \text{siendo } \sigma_{med} = \frac{N_d}{a}$$

Las resultantes R_{1d} y R_{2d} de las presiones del terreno sobre las dos semizonas, se deben igualar con las cargas N_{1d} y N_{2d} que actúan sobre cada parte del sistema y su valor es:

$$R_{1d} = \frac{N_d}{2} + \frac{2 M_d}{a_1} = N_{1d} \qquad\qquad R_{2d} = \frac{N_d}{2} - \frac{2 M_d}{a_1} = N_{2d}$$

La Instrucción EHE recomienda un diámetro mínimo de 12 mm para las armaduras de cimentación.

2. Zapata rígida con carga centrada

En el caso de una carga centrada, el modelo a tener en cuenta en cada una de las direcciones de la zapata que se considera rígida será el de bielas y tirantes con el esquema simplificado que se expone a continuación.

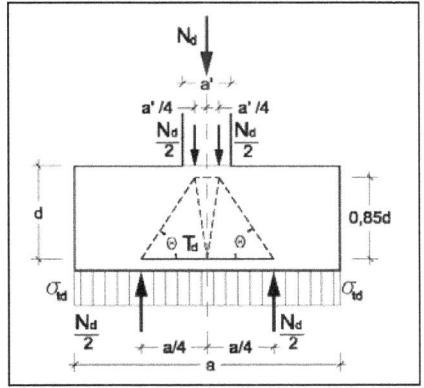

En este caso las distancias x_1 y x_2 valen ambas a/4 y las reacciones R_{1d} y R_{2d} valen cada una $N_d/2$. Esto significa que las tensiones seguirán una ley uniforme sobre el terreno.

La armadura principal debe resistir la tracción dada por la expresión:

$$T_d = \frac{1}{2} \cdot \frac{N_d}{0,85 \cdot d} \left(\frac{a}{4} - \frac{a'}{4} \right)$$

es decir:

$$U = T_d = \frac{N_d}{6,8 \cdot d} \cdot (a - a')$$

con $f_{yd} \le 400$ N/mm2 y teniendo en cuenta la cuantía geométrica mínima según EHE.

3. Colocación de las armaduras

La armadura calculada no debe escalonarse, extendiéndose, sin reducir su sección, de un extremo a otro de la zapata. Además, para garantizar el debido anclaje, es conveniente doblar las armaduras en ángulo recto en sus extremos.

En zapatas cuadradas se deben distribuir uniformemente las armaduras necesarias, paralelamente a los lados de la base de la zapata. Si la diferencia de armado según las dos direcciones no es excesiva, es recomendable colocar armaduras iguales en las dos direcciones (son de gran utilidad las mallas electrosoldadas).

9.6.2. Zapatas flexibles. Calculo de las armaduras

Cuando el vuelo de la zapata sobrepasa el doble de la altura total (v > 2h), la Instrucción establece un procedimiento de cálculo a flexión, determinando la armadura principal según el momento de cálculo al que está sometido la zapata en la sección 1-1 de la figura.

El canto útil **d** de esa sección de referencia será igual al de la zapata en la cara del soporte, y nunca podrá ser superior a vez y media la dimensión del vuelo **v**.

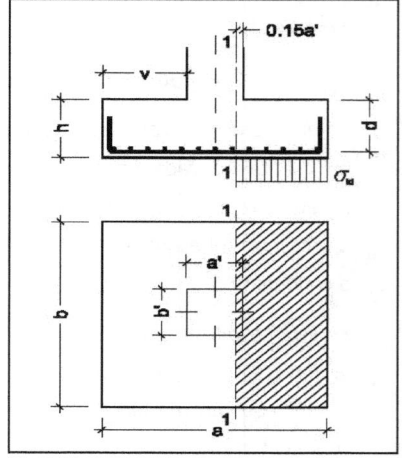

Al considerar esta sección de referencia se está teniendo en cuenta que el momento flector puede aumentar considerablemente detrás de la cara del soporte. El momento flector máximo es el que produce la reacción (mayorada) del terreno en la sección de referencia. De igual manera se calcula el momento flector según la otra dirección, que no podrá ser menor que la quinta parte del momento considerado en la citada sección de referencia.

Momento de cálculo de la ménsula:

$$M_d = \frac{\sigma_{td}}{2} \cdot b \cdot (v + 0,15\, a')^2$$

donde σ_{td} es la presión <u>mayorada</u> que el terreno ejerce sobre el fondo de la zapata y sin tener en cuenta el peso de la misma (es un cálculo estructural).

En las zapatas no se suele colocar armadura de compresión, por lo cual el canto de la zapata debe ser el necesario para que los esfuerzos de compresión puedan ser absorbidos enteramente por el hormigón ($\mu \leq 0,2961$).

En caso de no disponer de tablas o ábacos de armado, la armadura correspondiente se puede calcular con cualquier método válido:

Con la fórmula simplificada de Jiménez Montoya:

$$U = \omega\, b\, d\, f_{cd} \quad con \quad \omega = \mu\,(1 + 0,77 \cdot \mu)$$

O con la expresión del brazo mecánico (en este caso el brazo mecánico lo reducimos a 0,85 del canto útil):

$$U = \frac{M_d}{0,85\, d}$$

Y además habrá que tener en cuenta las cuantías geométricas mínimas del 2 por mil para acero B400 S o del 1,8 por mil para el B500 S, que a veces pueden resultar determinantes[1].

9.6.3. Comprobación a cortante

Cuando el canto de la zapata se ha predimensionado con la expresión prevista anteriormente (**h ≥1,5 v**), no suele ser necesaria la comprobación a cortante.

---

[1] En la tabla 42.3.5 de la nueva EHE-08 se establece que "para losas y zapatas armadas, se adoptará <u>la mitad de estos valores en cada dirección</u> dispuestos en la cara inferior", aclarando la frase de la anterior Instrucción, que decía simplemente: "Las losas apoyadas en el terreno requieren un estudio especial".

No obstante, la Instrucción española indica un procedimiento mediante el cual se comprueba que el cortante de cálculo no alcanza el valor del esfuerzo cortante último que es capaz de absorber el hormigón.

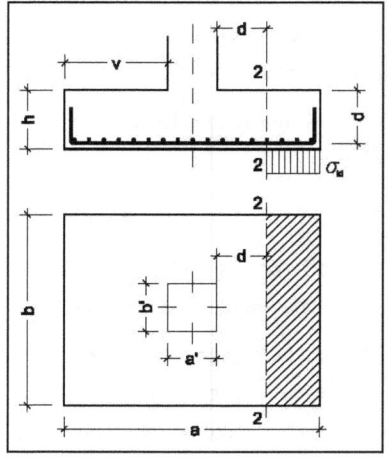

La comprobación se hace en la sección 2-2 de la figura, situada a una distancia igual a **d** desde el paramento del soporte o muro.

- Cortante de cálculo:

$$V_d = \sigma_{td}\, b\,(v - d)$$

- Esfuerzo cortante último:

$$V_{u2} = V_{cu} = f_{cv}\, b\, d$$

siendo **f$_{cv}$** la resistencia convencional del hormigón a cortante, según la expresión:

$$f_{cv} = 0,12\, \xi\, (100\, \rho_1\, f_{ck})^{1/3}$$

tal como establece la EHE, donde la resistencia característica del hormigón se expresa en N/mm2, la cuantía geométrica de la armadura longitudinal traccionada no debe superar el valor de 0,02 y el coeficiente ξ que depende de canto útil **d** expresado en milímetros, se calcula mediante la fórmula:

$$\xi = 1 + \sqrt{\dfrac{200}{d}}$$

(el coeficiente por el que se multiplica ξ se suele aumentar hasta 0,12 por tratarse de secciones sin armadura de cortante como son las zapatas).

9.6.4. Comprobación a punzonamiento

Cuando se calculan zapatas con cargas elevadas y suelos con baja resistencia donde resultan vuelos de grandes proporciones (del orden de 3,5 veces el canto total), se debe efectuar la comprobación a punzonamiento.

La Instrucción española establece (Artículo 46º de la EHE-08) una sección crítica de punzonamiento situada a una distancia desde el soporte igual al doble del canto útil, tal como se refleja en la figura.

La condición que se debe cumplir es la siguiente:

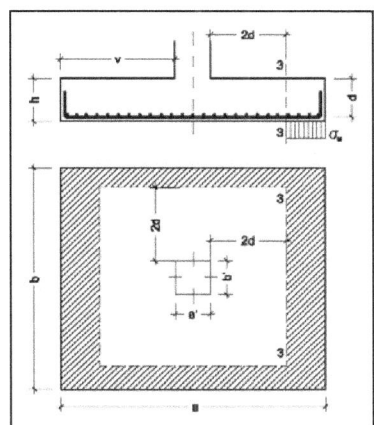

$$\tau_{sd} = \frac{F_{sd}}{u_1 \, d} \leq f_{cv}$$

donde:

τ_{sd} = tensión de cálculo en el perímetro crítico

F_{sd} = esfuerzo de cálculo de punzonamiento

u_1 = perímetro crítico

fcv = resistencia del hormigón a cortante.

El esfuerzo de cálculo de punzonamiento tiene la expresión:

$$F_{sd} = N_d \left(1 - \frac{A_{cri}}{A_{tot}} \right)$$

donde:

A_{cri} es el área de zapata dentro del perímetro crítico (ver figura)

A_{tot} es el área total de la zapata en planta.

9.7. EJEMPLO DE ARMADO DE UNA ZAPATA RÍGIDA

Sección del pilar:	0,40 x 0,40 m

Cargas soportadas: una carga vertical   N = 850 kN

un momento flector   M = 42 kN· m

Tensión admisible del terreno: σ_{adm} = 250 kN/m2

Materiales: Hormigón HA-25   Acero B500 S

Recubrimientos de la zapata: 0,05 m

a. Predimensionamiento en planta y alzado.

Hacemos la zapata cuadrada con un lado: $\quad a \geq \sqrt{\dfrac{N}{\sigma_{adm}}} = \sqrt{\dfrac{850}{250}} = 1{,}84 \text{ m}$

Redondeamos hasta **a= 2,00 m**

El canto total, para que sea rígida, será: $h \geq \dfrac{v}{2} = \dfrac{2,00 - 0,40}{4} = 0,40 \, m$

Adoptamos un canto **h = 0,50 m** que supone un canto útil **d = 0,45 m**

    b. <u>Comprobación de presiones en el terreno.</u>

Peso real de la zapata: $P = 25 \times 2,00^2 \times 0,50 = 50,0 \, kN$

Presiones máxima y mínima:

$$\sigma_{máx} = \frac{N+P}{a\,b} + \frac{6\,M}{a^2\,b} = \frac{850+50}{2^2} + \frac{6 \times 42}{2^2 \times 2} = 256,5 \, kN/m^2 \quad < \quad 1,25 \cdot \sigma_{adm}$$

$$\sigma_{mín} = \frac{N+P}{a\,b} - \frac{6\,M}{a^2\,b} = \frac{850+50}{2^2} - \frac{6 \cdot 42}{2^2 \times 2} = 193,5 \, kN/m^2 \quad > \quad 0$$

Se cumplen ambas condiciones: no se supera 1,25 veces la tensión admisible y no tiende a separarse la zapata del terreno.

    c. <u>Tensiones y solicitaciones de cálculo.</u>

Cargas mayoradas: $N_d = 1,5 \times 850 = 1.275 \, kN$; $M_d = 1,5 \times 42 = 63 \, kN \cdot m$

Tensiones de cálculo que produce el terreno sobre la base de la zapata, a efectos estructurales:

$$\sigma_{d,máx} = \frac{N_d}{a \cdot b} + \frac{6 \cdot M_d}{a^2 \cdot b} = \frac{1.275}{4} + \frac{6 \times 63}{8} = 366,00 \, kN/m^2$$

$$\sigma_{d,mín} = \frac{N_d}{a \cdot b} - \frac{6 \cdot M_d}{a^2 \cdot b} = \frac{1.275}{4} - \frac{6 \times 63}{8} = 271,50 \, kN/m^2$$

$$\sigma_{d,med} = \frac{\sigma_{d,máx} + \sigma_{d,mín}}{2} = \frac{366,00 + 271,50}{2} = 318,75 \, t/m^2$$

Resultantes de las reacciones en cada semizapata:

$$R_{1d} = \frac{\sigma_{d,máx} + \sigma_{d,med}}{2} \cdot \frac{a}{2} \cdot b = \frac{366,00 + 318,75}{2} \cdot 1,00 \cdot 2,00 = 684,75 \, kN$$

$$R_{2d} = \frac{\sigma_{d,med} + \sigma_{d,mín}}{2} \cdot \frac{a}{2} \cdot b = \frac{318,75 + 271,50}{2} \cdot 1,00 \cdot 2,00 = 659,25 \, kN$$

Distancia x_1 de la resultante mayor al centro de la zapata:

$$x_1 = \frac{a}{2} - \frac{a}{6}\left(\frac{2 \cdot \sigma_{d,med} + \sigma_{d,máx}}{\sigma_{d,med} + \sigma_{d,máx}} \right) = 1,00 - \frac{1}{3}\left(\frac{2 \times 318,75 + 366,00}{318,75 + 366,00} \right) = 0,5115 \, m$$

Las cargas de cálculo (N_d, M_d) equivalen al par de fuerzas (N_{1d}, N_{2d}) que actúan a una distancia igual a 1/4 del eje del pilar. Resolvemos, por lo tanto, el sistema de ecuaciones:

$N_{1d} + N_{2d} = N_d$

$(N_{1d} - N_{2d}) \cdot a_1/4 = M_d$

$(2\,N_{1d} - 1.275)\cdot 0,40/4 = 63$

$N_{2d} = 1.275 - N_{1d}$

$(N_{1d} - 1.275 + N_{1d}) \cdot a_1/4 = M_d$

$N_{1d} = (63+1.275)/0,2 = \boxed{952,50 \text{ kN}}$

$N_{2d} = 1.275 - 952,50 = \boxed{322,50 \text{ kN}}$

d. <u>Dimensionamiento de la armadura por tracción.</u>

Esfuerzo de tracción que debe soportar la armadura:

$$T_d = \frac{R_{1d}}{0,85 \cdot d} \cdot \left(x_1 - \frac{a_1}{4}\right) = \frac{684,75}{0,85 \times 0,45}(0,5115 - 0,10) = 736,67 \text{ kN}$$

$$T_d = A_s \cdot f_{yd} \quad \text{siendo} \quad f_{yd} \leq 400 \text{ kN}/\text{mm}^2$$

el área mínima deberá ser: $A_s \geq \dfrac{T_d}{f_{yd}} = \dfrac{736.670}{400} = 1.842 \text{ mm}^2$

Si armamos con redondos de 16 mm (área = 201 mm2), obtenemos:

$$n \geq \frac{1.842}{201} = 9,16$$

Adoptamos entonces 10 ϕ 16 como armadura definitiva.

9.8. ZAPATAS DE MEDIANERÍA

En edificación las zapatas de medianería son un caso muy frecuente de zapata aislada con carga excéntrica en una sola dirección.

La carga se suele encontrar fuera del tercio central de la zapata, por lo que la distribución de presiones será triangular y la tensión pico (σ_{max}) se obtiene despejándola de la expresión:

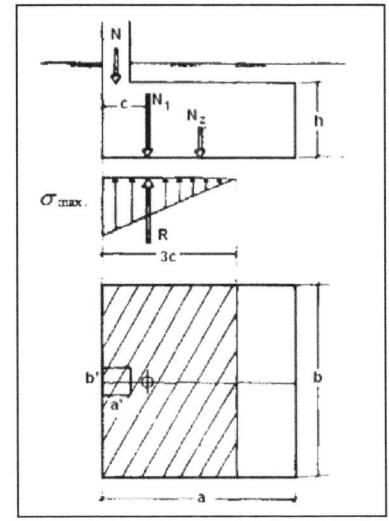

$$R = \frac{1}{2}(3c \cdot \sigma_{max}) \cdot b = N_1$$

es decir:

$$\sigma_{max} = \frac{2N_1}{3 \cdot c \cdot b} \leq 1,25\,\sigma_{adm}$$

Normalmente esta tensión máxima supera con mucho el valor de $1,25 \cdot \sigma_{adm}$, con lo que se producirían asientos y giros de la zapata, que podrían afectar incluso a las estructuras colindantes. Se hace necesario entonces, buscar soluciones al problema.

9.8.1. Soluciones inmediatas

Centrar la carga total aumentando el peso de la zapata

- Aumentando el lado b libre. (Lo que daría una dimensión desproporcionada)

- Aumentando el canto h total. (Lo cual supondría llegar a profundidades excesivas)

(Ninguna de las dos soluciones es aconsejable).

9.8.2. Soluciones específicas

1. Zapata con biela.

2. Zapata con viga tirante.

3. Zapata combinada.

4. Zapata con viga centradora.

1. Zapata con biela

Se dispone una barra inclinada con dos rótulas en los extremos para convertir en centrada la carga **P** del soporte medianero.

Esta carga **P** se descompone en una fuerza vertical **N** centrada en la zapata y una fuerza **H** horizontal que se deberá absorber por rozamiento entre la base de la zapata y el terreno.

Inconvenientes:

- En hormigón las rótulas son de muy difícil ejecución

- La barra inclinada enrarece el espacio y las condiciones de uso de la planta, reduciendo el espacio disponible (posible uso del sótano).

2. Zapata con viga tirante

Se recurre a la colaboración de una viga en el forjado superior que apoya sobre el pilar de medianería.

Componiendo la carga **N** vertical con la tracción **T** de la viga se consigue que la resultante pase por el centro de la zapata.

También aquí la zapata se dimensiona con las tensiones del terreno con carga centrada,

$$\sigma_t = \frac{N_1}{a \cdot b} \leq \sigma_{adm} \qquad \text{siendo:} \qquad N_1 \cdot e = T \cdot H$$

En estas condiciones tendremos que:

- La componente horizontal T en la base de la zapata se debe absorber por rozamiento entre la base de la zapata y el terreno.

Y además:

- La viga debe dimensionarse para una tracción T adicional.

- El pilar debe dimensionarse para soportar en su sección inferior un momento adicional de valor: M = T· (H-h).

3. Zapata combinada

Esta solución consiste en combinar la cimentación del pilar de medianería con otros pilares contiguos situados en alineaciones interiores, proyectando una sola zapata para ellos.

Es una solución que se suele utilizar para otros casos (como zapata común a dos pilares próximos). Los más frecuentes son:

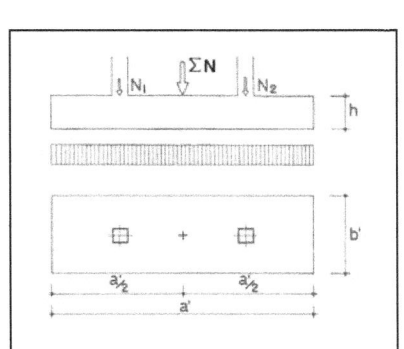

- Zapata de medianería (para centrar la carga del pilar medianero).

- Zapata común para dos pilares muy próximos (evitar solapes).

- Zapata común para pilares con cargas desiguales (se uniformiza).

El dimensionamiento se aborda como zapata dimensionada para la suma de las cargas, proyectando una zapata cuyo centro de gravedad coincida con el punto de aplicación de la resultante calculada. (Si no se consigue centrar la zapata, se calcula la excentricidad que pueda resultar).

4. Zapata de medianería con viga centradora

Este tipo de solución consiste en recurrir a la colaboración del pilar y la zapata próximos, situados en una alineación interior, para crear un mecanismo que centra la carga de la zapata de medianería por medio de una viga de unión.

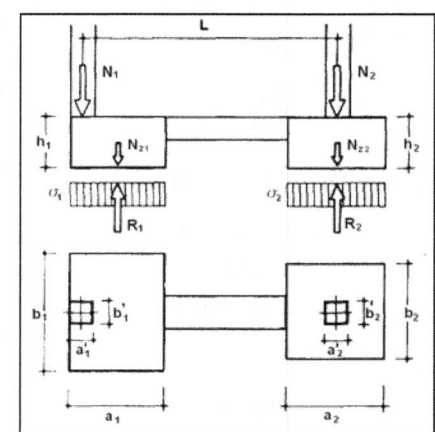

Siendo N_1 y N_2 las cargas verticales que transmiten los pilares 1 y 2, por medio de la viga centradora se establece un par de fuerzas que centra la carga de la zapata correspondiente al pilar 1.

Según los esquemas de la figura adjunta, siendo $R'_1 = R_1 - N_{z1}$ y $R'_2 = R_2 - N_{z2}$, se establece el siguiente equilibrio de fuerzas y momentos:

$$R'_1 + R'_2 = N_1 + N_2 \quad ; \quad N_1 \cdot L = R'_1 \cdot (L - e)$$

con lo que las reacciones serán:

$$R'_1 = N_1 \frac{L}{L - e} \quad ; \quad R_1 = N_{z1} + N_1 \frac{L}{L - e}$$

$$R'_2 = N_2 - N_1 \frac{e}{L - e} \quad ; \quad R_2 = N_{z2} + N_2 - N_1 \frac{e}{L - e}$$

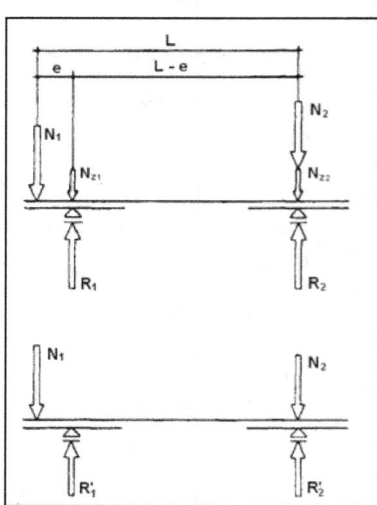

De las expresiones anteriores se deduce que la reacción correspondiente a la zapata 1 ha aumentado respecto a la que tendría como zapata aislada, mientras que la reacción correspondiente a la zapata 2 ha disminuido.

Según este planteamiento, el procedimiento a seguir es el siguiente:

1. Se predimensionan las zapatas como si las cargas fueran centradas, considerando una mayoración entre un 30 y un 40% para la zapata 1 y entre un 5 y un 10% para la zapata 2, para tener en cuenta el peso de las zapatas y el incremento de la reacción R_1.

$$a_1 \cdot b_1 \geq \frac{1{,}35 N_1}{\sigma_{adm}} \quad ; \quad a_2 \cdot b_2 \geq \frac{1{,}05 N_2}{\sigma_{adm}}$$

2. Se calcula la excentricidad e de la carga sobre la zapata 1:

$$e = \frac{a_1}{2} - \frac{a_1'}{2}$$

3. Se hallan los valores de las reacciones R_1 y R_2 mediante las condiciones de equilibrio vistas anteriormente:

$$R_1 = N_{z1} + N_1 \frac{L}{L - e}$$

$$R_2 = N_{z2} + N_2 - N_1 \frac{e}{L - e}$$

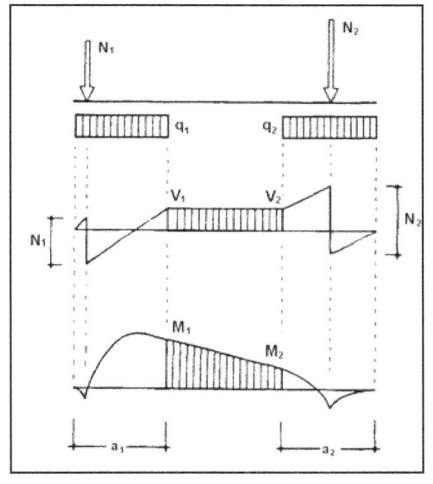

4. Se determinan las tensiones del terreno bajo cada una de las zapatas:

$$\sigma_1 = \frac{R_1}{a_1 b_1} \quad ; \quad \sigma_2 = \frac{R_2}{a_2 b_2}$$

En caso de no ser σ_1 y σ_2 menores que la σ admisible, se deben aumentar las dimensiones necesarias.

5. A estas tensiones se les resta el peso de las zapatas para determinar las presiones que el terreno ejerce sobre ellas:

$$\sigma_1' = \sigma_1 - \gamma_{horm} h_1 \quad ; \quad \sigma_2' = \sigma_2 - \gamma_{horm} h_2$$

6. Se convierten las presiones σ_1' y σ_2' sobre la superficie de las zapatas en cargas lineales q_1 y q_2 bajo las mismas mediante las siguientes expresiones:

$$\boxed{q_1 = \sigma_1' b_1} \quad ; \quad \boxed{q_2 = \sigma_2' b_2}$$

Se calculan los cortantes y momentos flectores en el conjunto, mediante las ecuaciones habituales de la estática.

Para el cálculo de la viga centradora se necesitan los cortantes $V_1=V_2$ y los momentos flectores M_1 y M_2, indicados en la figura anterior.

Con los cortantes y los momentos flectores calculados se podrá estudiar el armado de la viga centradora cuando corresponda.

Las zapatas se armarán considerando los valores ponderados de las solicitaciones debidas a las reacciones del terreno σ_1 y σ_2.

9.8.3. Recomendaciones para zapatas de medianería

Para este tipo de zapatas se recomienda que la relación entre las dimensiones **a** y **b** en planta no varíe mucho del valor 2/3 para no complicar el armado.

También se deben cumplir las limitaciones impuestas sobre valores máximos de tensiones, tensión media y tensión mínima transmitidas al terreno, teniendo en cuenta la existencia o no de viga centradora.

Por lo que se refiere al cálculo de las armaduras, para zapatas con viga centradora, se procederá de la siguiente manera:

1. Armadura según la dimensión b: cálculo como zapata, rígida o flexible, con un ancho de soporte igual al de la viga centradora.

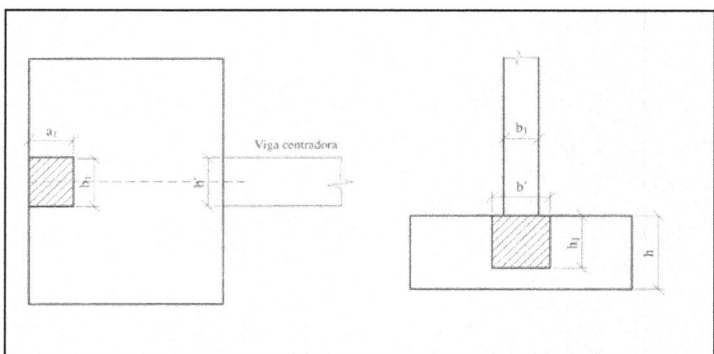

2. Armadura según la dimensión a: la necesaria para resistir un 20% del esfuerzo del que resiste la armadura según b.

9.8.4. Vigas centradoras y vigas de atado

Las principales diferencias entre las vigas centradoras y las vigas de atado son las siguientes:

- Una viga centradora permite compensar la excentricidad de encepados y zapatas mediante su trabajo a flexión. Su uso principal está en el centrado de la carga de zapatas de medianería y de esquina, así como encepados de dos pilotes que no tengan capacidad de absorber momentos por sí mismos.

- Una viga de atado es un elemento que permite el arriostramiento de zapatas frente a esfuerzos horizontales, trabajando a tracción o compresión. En zonas sísmicas de aceleración de cálculo igual o superior a 0,16 g es obligatorio el atado de zapatas y encepados en al menos dos direcciones.

Por lo que se refiere al cálculo de una viga centradora, se efectuará como el de cualquier otro elemento sometido a flexión sobre el que actúan las acciones del terreno y los soportes.

Las cuantías geométricas y mecánicas mínimas son las correspondientes a vigas.

En cuanto a la disposición de las armaduras, para las vigas centradoras deberán cumplirse las mismas prescripciones generales que figuran en las distintas tablas del apartado 37.2.4 de la EHE-08 en función de la clase de exposición y el tipo de cemento utilizado.

9.9. ZAPATAS CORRIDAS O CONTINUAS

Cuando la transmisión de las cargas al terreno se produce de forma lineal y uniforme (ya sea como carga lineal transmitida por un muro o como una serie de cargas puntuales transmitidas por varios pilares alineados), la cimentación será una zapata continua, donde una de las dimensiones en planta es la incógnita, así como el espesor total (el canto) de la zapata.

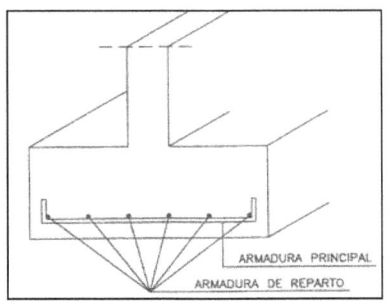

La diferencia principal entre estas zapatas y las aisladas es que en este caso no existe una simetría entre las dos direcciones de la zapata. Así la armadura no será igual en una y otra dirección, siendo la sección de la armadura longitudinal (armadura de reparto) entre un 20 y un 25% de la sección de la armadura transversal, que es la armadura principal.

El armado para una zapata continua se efectuará, entonces, según el criterio siguiente:

3. Armadura transversal: Cálculo como en la zapata aislada (rígida o flexible) con un ancho de soporte igual al espesor del muro. Este armado se hará por metro lineal de zapata y

se tendrán en cuenta las condiciones de cuantía geométrica mínima y distancias máximas entre barras.

4. Armadura longitudinal: La necesaria para resistir al menos un esfuerzo del 20% de la transversal.

9.10. EJEMPLO DE ZAPATA DE MEDIANERÍA CON VIGA CENTRADORA

Dado un sistema de cimentación formado por una zapata de medianería, su zapata adyacente y la viga centradora que las une, se pide:

1. Completar las dimensiones de las dos zapatas A y B en planta.
2. Comprobar las tensiones en el terreno bajo las dos zapatas.
3. Determinar los valores del cortante y del momento en los extremos de la viga centradora.
4. Calcular las armaduras longitudinales y transversales de la viga para la sección más solicitada.
5. Armar la zapata medianera en las dos direcciones siguiendo el procedimiento de armado.
6. Armar la zapata adyacente a la medianera como zapata rígida.

Datos: Distancia entre ejes de pilares: $L = 5,20$ m

Tensión admisible del terreno: $\sigma_{adm} = 300$ kN/m^2

Hormigón HA-25 (25 N/mm^2)

Acero B500 S ($f_{yd} = 400$ N/mm^2)

Cargas en pilares: $N_1 = 546$ kN $N_2 = 1.134$ kN

Dimensiones de zapatas: $a_1 = 1,30$ m $a_2 = b_2$ (cuadrada)

Canto total de zapatas: $h_1 = 0,60$ m $h_2 = 0,60$ m

Sección de los pilares: $a' = b' = 0,40$ m

Sección de la viga: $b = 0,40$ m $h = 0,60$ m

Recubrimientos en zapata y viga centradora = 5 cm.

SOLUCION:

Dimensiones de los pilares:	$a'_1 =$	0,40	m	$a'_2 = 0,40$
	$b'_1 =$	0,40	m	$b'_2 = 0,40$
Carga axil sobre las zapatas:	$N_1 =$	546,00	kN	
	$N_2 =$	1.134,00	kN	
Distancia entre pilares:	$L =$	5,20	m	
Dimensiones de las zapatas:	$a_1 =$	1,30	m	$a_2 = b_2$
	$h_1 =$	0,60	m	$h_2 = 0,60$
Dimensiones de la viga:	$b =$	0,40	m	$h = 0,60$
Recubrimientos en viga:	$d' =$	0,05	m	$d = 0,55$
Características de materiales:				
f_{ck} del hormigón:	**25**	N/mm²	$f_{cd} =$	16.667 kN/m²
f_{yk} del acero:	**500**	N/mm²	$f_{yd} =$	400 N/mm²
σ_{adm} del terreno:	300,0	kN/m²		

Predimensionamiento.

Area en planta de la zapata A:

$a_1 \cdot b_1 = 1,35 \cdot N_1 / \sigma_{adm}$ $A_1 =$ 2,457   m²

Dimensiones zapata 1: $a_1 =$ **1,30** $b_1 =$ **1,90**

Area en planta de la zapata B:

$a_2 \cdot b_2 = 1,05 \cdot N_2 / \sigma_{adm}$ $a_2 =$ 1,992   m

Dimensiones zapata 2: $a_2 =$ **2,00** $b_2 =$ **2,00**

Excentricidad.

$e = (a_1 - a'_1)/2 =$ **0,45**   m

Cálculo de reacciones.

Presiones sobre las zapatas:

$R'_1 = N_1 \cdot L/(L-e) =$ 597,726   kN

$R'_2 = N_2 - N_1 \cdot e/(L-e) =$ 1.082,274   kN

Peso real de las zapatas:

$N_{Z1} = 25 \cdot a_1 \cdot b_1 \cdot h_1 =$ 37,050   kN

$N_{Z2} = 25 \cdot a_2 \cdot b_2 \cdot h_2 =$ 60,000   kN

Reacciones resultantes:

$R_1 = N_{Z1} + R'_1 =$ 634,776   kN

$R_2 = N_{Z2} + R'_2 =$ 1.142,274   kN

Tensiones sobre el terreno.

$\sigma_1 = R_1/(a_1 \cdot b_1) =$ **256,994**   kN/m²

$\sigma_2 = R_2/(a_2 \cdot b_2) =$ **285,568**   kN/m²

Cargas sobre las zapatas.

Cargas lineales sobre las zapatas:

$q_1 = \sigma'_1 \cdot b_1 =$ **459,789**   kN/m

$q_2 = \sigma'_2 \cdot b_2 =$ **541,137**   kN/m

Cortantes y momentos por puntos.

Punto 2: $V_2 = q_1 \cdot a_1 - N_1 =$ **51,726**   kN

$M_2 = q_1 \cdot a^2_1/2 - N_1 \cdot (a_1 - a'_1 /2) =$ **-212,078**   kN·m

Punto 3: $V_3 = V_2 =$ 51,726   kN

$M_3 = q_2 \cdot a^2_2/2 - N_2 \cdot a_2 /2 =$ -51,726   kN·m

Armado de la viga centradora.

Momento flector mayorado:

	$M_d = 1{,}5{\cdot}M_2 =$	**318,12** kN·m		
	$U_0 = b{\cdot}d{\cdot}f_{cd} =$	**3.666,7** kN		
Momento reducido:	$\mu = M_d / (U_0{\cdot}d) =$	**0,1577**		
Cuantía mecánica:	$\omega = \mu{\cdot}(1{+}0{,}77{\cdot}\mu) =$	**0,1769**		
Capacidad mecánica:	$U = \omega{\cdot}U_0 =$	**648,65** kN		

Adoptamos:	6	Φ 20	(754,0)
Para montaje:	2	Φ 12	
Armadura de piel:	2	Φ 12	

Armadura de cortante.

Cortante de cálculo:

$$V_d = 1{,}5{\cdot}V_2 = \quad \underline{77{,}589} \ \text{kN}$$

Coeficiente ξ:

$$\xi = 1 + \text{raiz}(200/d) = \quad 1{,}603$$

Cuantía geométrica:

$$\rho = A_s / (b{\cdot}d) = \quad 0{,}0086$$

Resistencia virtual en piezas con armadura de cortante:

$$f_{cv} = 0{,}10{\cdot}\xi{\cdot}(100{\cdot}\rho{\cdot}f_{ck})^{1/3} = \quad 0{,}4452 \ \text{N/mm}^2 = \quad \underline{445{,}19} \ \text{kN/m}^2$$

Cortante último:

$$V_{cu} = f_{cv}{\cdot}b{\cdot}d = \quad \underline{97{,}94} \ \text{kN} \qquad (> V_d\,)$$

Dispondremos los cercos mínimos:

Φ 6 mm	cada	30	cm

Zapata Medianera

Dimensiones del pilar:

	$a_0 =$	**0,40** m
	$b_0 =$	**0,40** m

Carga axil sobre la zapata: $N =$ **546,0 kN**

Características de materiales:

f_{ck} del hormigón:	25 N/mm²	$f_{cd} =$	1.666,7 T/m²
f_{yk} del acero:	500 N/mm²	$f_{yd} =$	4.000,0 Kp/cm²
$\sigma_{adm} =$	**300,0 kN/m²**		

Dimensiones de la zapata medianera:

$a =$	**1,30** m	Vuelo:
$b =$	**1,90** m	**0,750** m
$h =$	**0,60** m	
Canto útil: $d =$	**0,55** m	

Cálculo de la armadura como zapata rígida

$$T_d = N_d\,(a{-}a_0)/6{,}8d = \quad \textbf{328,48} \ \text{kN}$$

Resultan:	9	Φ 12	(407,15 kN)

Area del armadura: $A_s =$ 10,18 cm²

Comprobación de la cuantía geométrica

$$\rho = A_s/b{\cdot}d = \quad 0{,}0893 \ \%$$

Area mínima: $A_{min} = 0{,}09\%{\cdot}b{\cdot}h = \quad 10{,}26 \ \text{cm}^2$

Con 1 más:	10	Φ 12	(452,39 kN)

Area real:	11,31 cm²
Cuantía geométrica:	0,0992 %
Separación:	20,0 cm

Zapata Adyacente

Dimensiones del pilar:	a_0 =	**0,40 m**
	b_0 =	**0,40 m**
Carga axil sobre la zapata:	N =	**1134,0 kN**

Características de materiales:

f_{ck} del hormigón:	**25** N/mm²	f_{cd} =	1.666,7 T/m²
f_{yk} del acero:	**500** N/mm²	f_{yd} =	4.000,0 Kp/cm²
σ_{adm} =	**300,0 kN/m²**		

Dimensiones de la zapata adyacente:

a =	**2,00 m**	Vuelo:
b =	**2,00 m**	**0,800 m**
h=	**0,60 m**	
Canto útil: d=	**0,55 m**	

Cálculo de la armadura como zapata rígida

$T_d = N_d\ (a-a_0)/6,8d$ = **727,70 kN**

Resultan:	**10**	Φ	**16**	(804,25 kN)
Area del armadura:	A_s =	20,11	cm²	

Comprobación de la cuantía geométrica

$\rho = A_s/b\cdot d$ =	0,1676 %	
Area mínima:	A_{min} = 0,09%·b·d =	10,80 cm²

Con 0 más:	**10**	Φ	**16**	(804,25 kN)

Area real:	20,11 cm²	
Cuantía geométrica:	**0,1676 %**	
Separación:	**21,1 cm**	

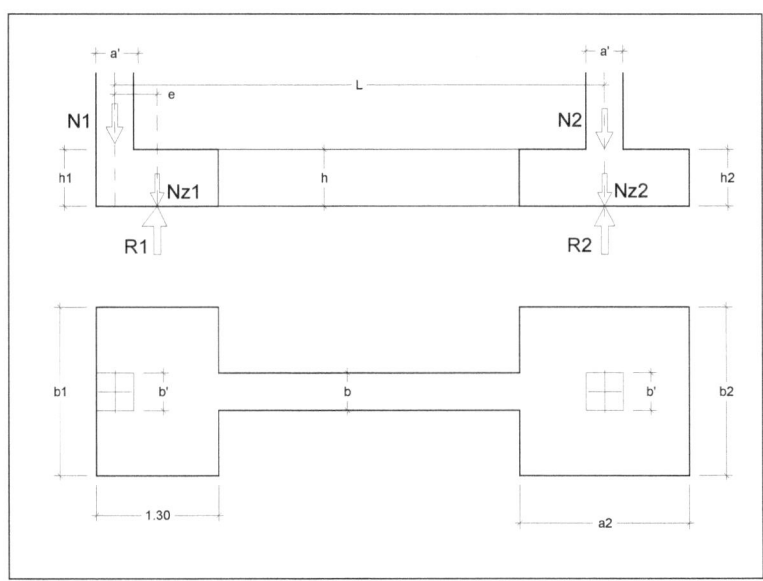

---

10. **LOS MUROS DE CONTENCIÓN**

10.1. DEFINICIONES

Los muros de contención son estructuras formadas por dos elementos superficiales: uno en un plano horizontal y otro vertical, cuya misión es proteger una zona conteniendo el empuje de tierras que se encuentran en una cota superior a la zona que se va a proteger.

Las designaciones más habituales se indican en la figura.

Un muro de contención puede adoptar varias formas:

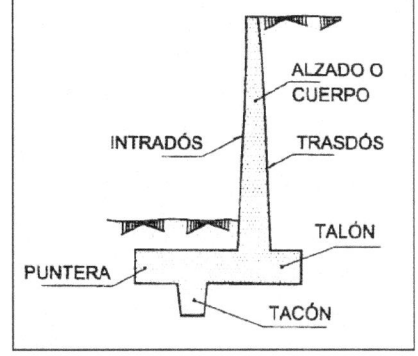

a) <u>Muro sin talón</u>, que se usa cuando el terreno del trasdós es de propiedad ajena. En este caso puede presentarse el inconveniente de la falta de drenaje del muro, y en estas condiciones el empuje del terreno (saturado) es difícil de evaluar.

b) <u>Muro con puntera y talón</u>, que es la solución habitual y más económica del problema de contención.

c) <u>Muro sin puntera</u>, de uso poco frecuente en edificación.

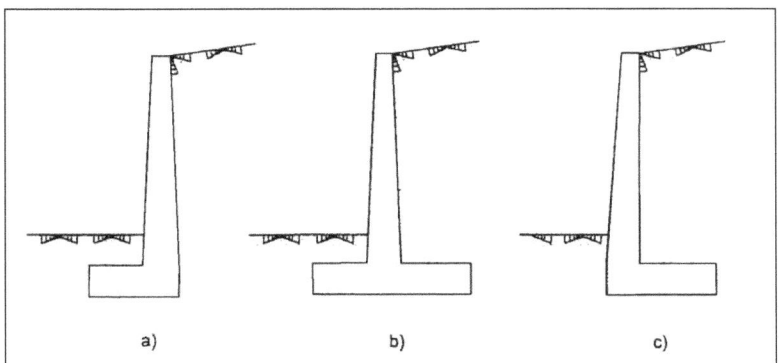

10.2. TIPOS GENERALES DE MURO.

Los muros que vamos a analizar se denominan **muros en ménsula** por su forma de trabajar. Son la solución intermedia entre los antiguos muros de gravedad, donde el espesor del mismo es importante frente a su altura, y las soluciones de muros de contrafuertes y muros de bandejas, propias de muros de gran altura (más de 12 metros).

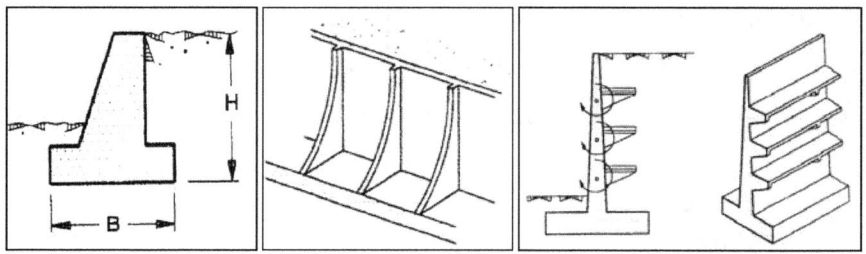

1. Muro de gravedad   2. Muro de contrafuertes   3. Muro de bandejas

10.3. FUNCIONAMIENTO

El funcionamiento de un muro de contención es esencialmente el de tres losas monolíticamente unidas que sostienen y se apoyan en el terreno.

Las posibles acciones sobre un muro de contención en ménsula son:

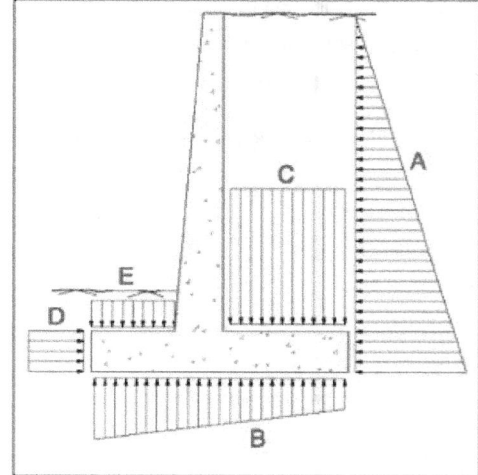

A)   Presión del terreno contra el trasdós del muro, con una ley triangular, que da lugar a la flexión de éste en el alzado.

B)   Debido a dicha flexión, se produce una presión excéntrica de descarga en el terreno, que se ve más solicitado en la puntera que en el talón.

C)   El peso del relleno sobre el talón, que tiende a equilibrar parcialmente la anterior solicitación.

D)   En el frente de la puntera, el suelo impide el deslizamiento del muro, provocado por la componente de empuje del terreno, aunque el rozamiento de la base del muro contra el suelo tiene más importancia que la reacción D.

E)   A veces puede aparecer una carga de relleno sobre la puntera, que pocas veces se tiene en cuenta, pues carece de importancia.

10.4. DEFORMACIÓN DEL MURO

La deformación producida por las cargas en el muro de contención, puede provocar una distribución de fisuras en las zonas traccionadas, como las que se representan en la figura adjunta.

Esto nos lleva a pensar intuitivamente en la forma en que se deben disponer las armaduras en un elemento estructural de este tipo.

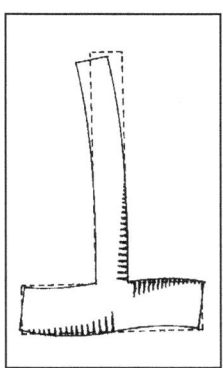
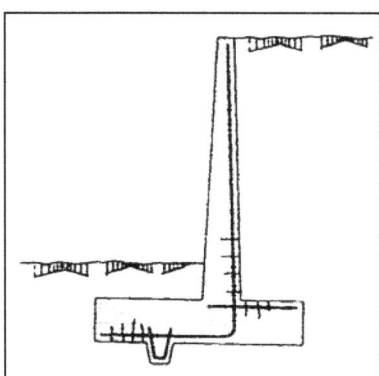

10.5. AGOTAMIENTO DEL MURO

Las posibles formas de fallo de un muro de contención son:

1. Fallos de la estructura como pieza de hormigón armado. Estos fallos pueden afectar al alzado, a la puntera o al talón, debidos a cualquier estado límite último o a la corrosión por fisuración excesiva.

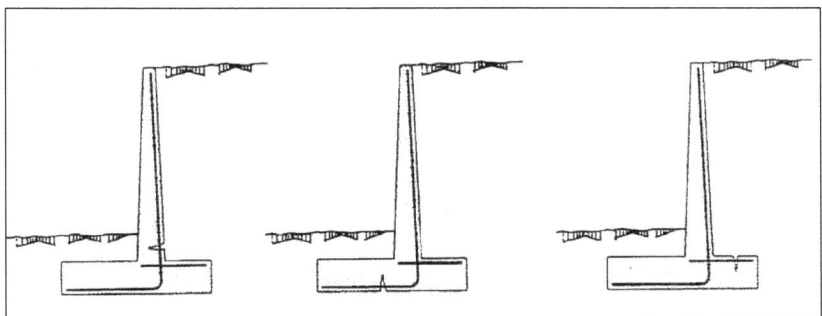

2. Fallos por deslizamiento del muro.

3. Fallos por vuelco alrededor del borde de la puntera.

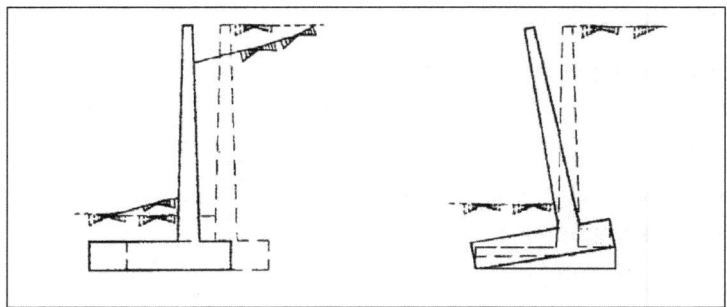

10.6. PROYECTO DEL MURO

El proyecto de un muro se compone de tres etapas:

○ **Cálculo de los empujes,** para el que adoptaremos el método de Rankine. Un cálculo riguroso de los empujes puede conducir a ahorros importantes en el proyecto del muro.

○ **Predimensionamiento,** basado en métodos prácticos (ábacos de José Calavera y A. Cabrera) o en la experiencia.

○ **Comprobación,** como verificación del predimensionamiento en cuanto a tensiones y cumplimiento frente al deslizamiento y al vuelco.

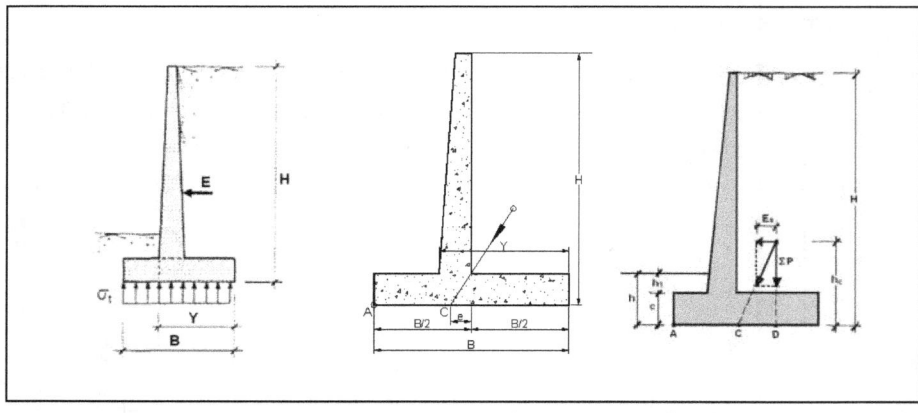

a) Cálculo de empujes   b) Predimensionamiento   c) Comprobación

Fase 1: Cálculo de empujes

Para que el muro se encuentre en equilibrio, es necesario que la suma de momentos producidos por el conjunto de acciones sea nula.

Para el cálculo de los empujes adoptamos la teoría de Rankine. En general adoptaremos la situación de **empuje activo**, lo cual supone que el muro puede girar y deformarse (del orden del 0,5% de la altura del muro).

En el caso de terreno horizontal a nivel de la coronación, la presión activa a una profundidad **x** viene dada según Rankine por la expresión:

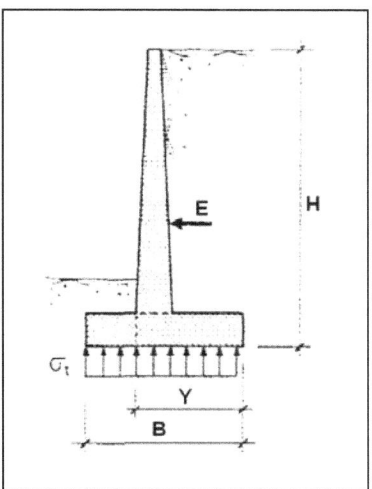

$$P_{ax} = \gamma \ x \ k_a \quad \text{siendo} \quad k_a = \frac{1 - \operatorname{sen} \varphi}{1 + \operatorname{sen} \varphi}$$

P_{ax} = Presión activa en kN/m^2 por metro de muro, a la profundidad **x**

γ= Densidad del relleno, en kN/m^3

φ= Ángulo de rozamiento interno del relleno

x= Profundidad en metros.

k_a = coeficiente de empuje activo

a) Sin sobrecarga junto a la coronación del muro:

La distribución de presiones sigue una ley triangular con resultante situada a una profundidad x_c=x/3, cuyo valor es:

$$E_a = \frac{P_{ax} \ x}{2} = \frac{1}{2} \gamma \ x^2 \ k_a$$

Para x = H, la suma de todas las presiones hasta la profundidad H del muro es el empuje activo, cuyo valor es:

$$E_a = \frac{1}{2} \gamma \ H^2 \ k_a$$

y cuya resultante actúa con un brazo h_c=H/3.

b) <u>Con sobrecarga junto a la coronación del muro</u>:

Si sobre el terreno actúa una sobrecarga uniformemente repartida de valor **q** (en kN/m²), se puede considerar equivalente a una altura de tierras $\mathbf{h_0=q/\gamma}$, y la ley de presiones resulta trapecial.

El valor del empuje activo resulta entonces:

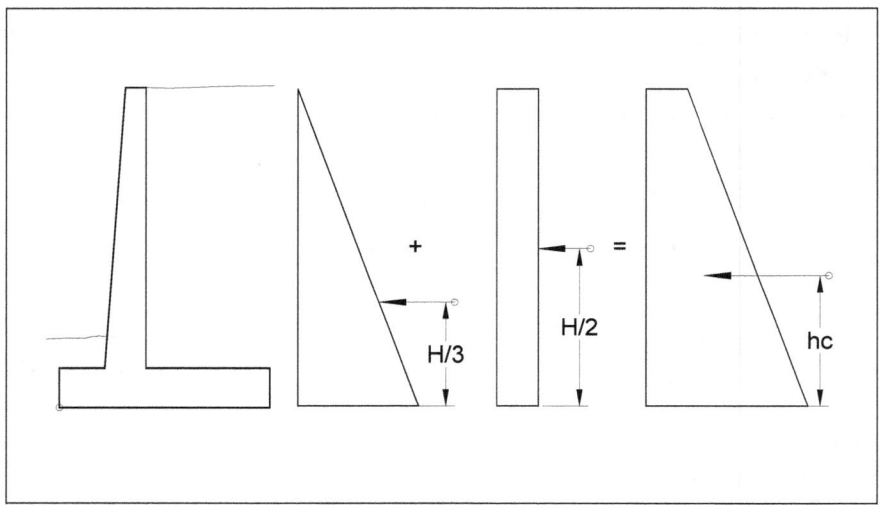

$$E_a = \left(\frac{1}{2}\gamma H^2 + q H\right)k_a$$

que actúa con un brazo desde el fondo del cimiento:

$$h_c = \frac{H\left(H+3h_0\right)}{3\left(H+2h_0\right)}$$

La teoría hasta aquí expuesta supone un relleno drenado. Si no se drena el relleno, los empujes pueden fácilmente duplicar los obtenidos anteriormente.

Con los métodos habituales de proyecto de muros se comprueba que el muro presente seguridad a **vuelco** y a **deslizamiento** y además que la **presión σ** no rebasa la tensión admisible fijada para el suelo.

Fase 2: Predimensionamiento

Es esencial hacer un predimensionamiento correcto con el fin de que la seguridad al vuelco y al deslizamiento sean suficientes y de que la presión en puntera sea próxima a la admisible, sin rebasarla. La comprobación posterior se limitará entonces a verificar lo anterior y a dimensionar la estructura de hormigón. De lo contrario estaremos obligados a una serie innecesaria de tanteos. Habitualmente se suele exigir una seguridad a deslizamiento $C_{sd} \geq$ 1,5 y al vuelco $C_{sv} \geq 1,8$.

En el caso de los muros con puntera y talón, así como en muros sin puntera, las dimensiones de la estructura se suelen elegir con un espesor del alzado en el arranque de alrededor de 1/10 de la altura total H. El mismo espesor se le suele dar al cimiento. Estas dimensiones conducen a un muro cercano al óptimo económico.

Los muros suelen ser objeto de un dimensionamiento previo que después se comprueba y se corrige por aproximaciones sucesivas. Con el método que se expone a continuación, utilizando el ábaco de Calavera y Cabrera, el predimensionamiento en la mayoría de los casos no requiere modificaciones al ser comprobado.

Los siguientes diagramas sirven para los muros con puntera y talón con los rellenos habituales con ángulo de rozamiento

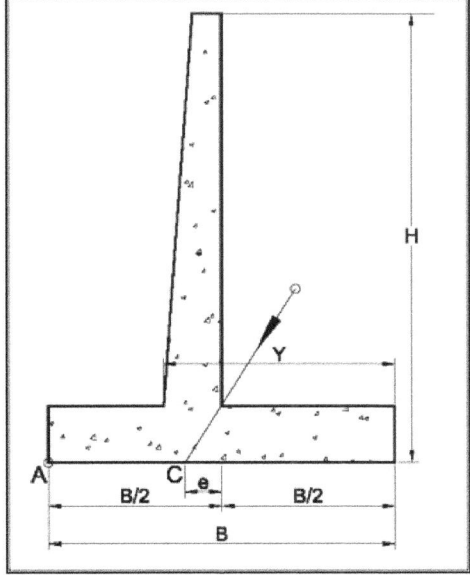

interno φ = 25º, φ = 30º y φ = 35º respectivamente y coeficientes μ de rozamiento entre suelo y cimiento desde tg 20º hasta tg 40º.

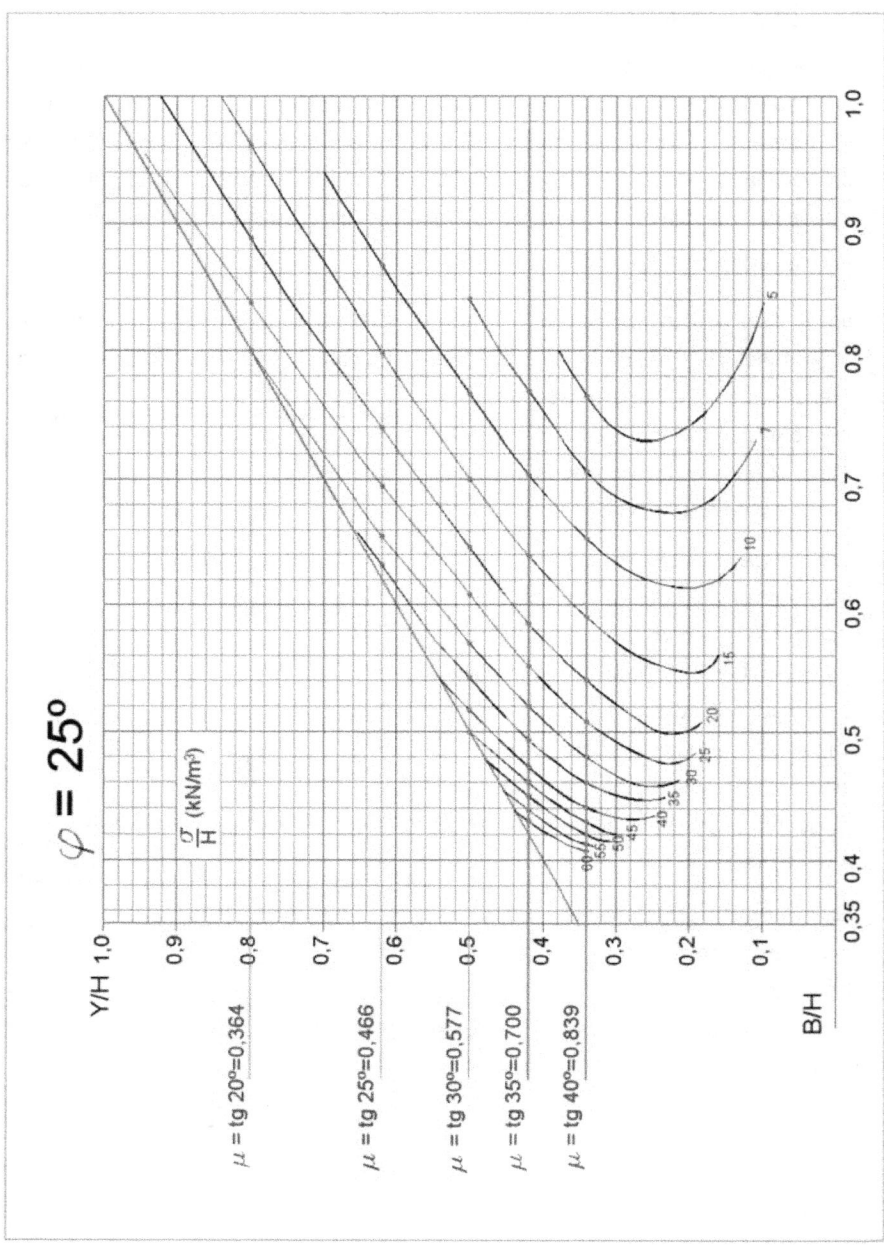

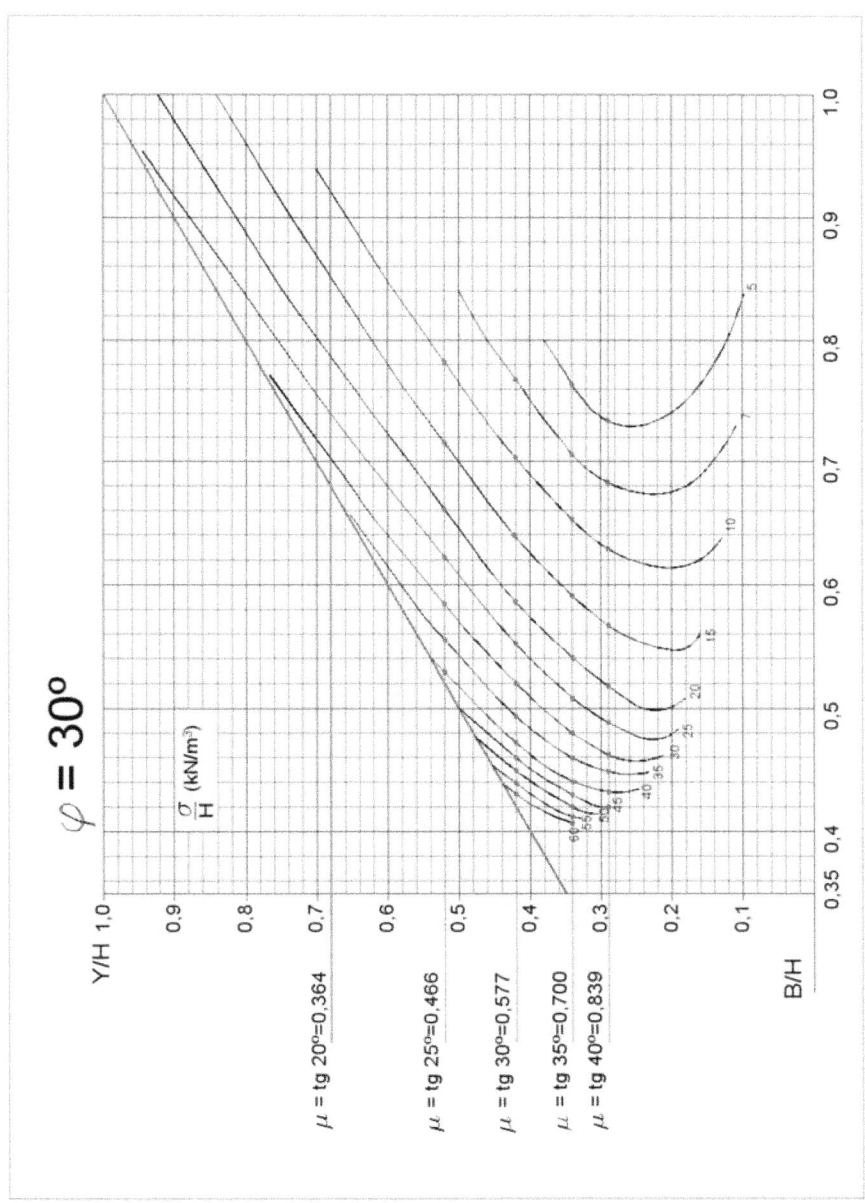

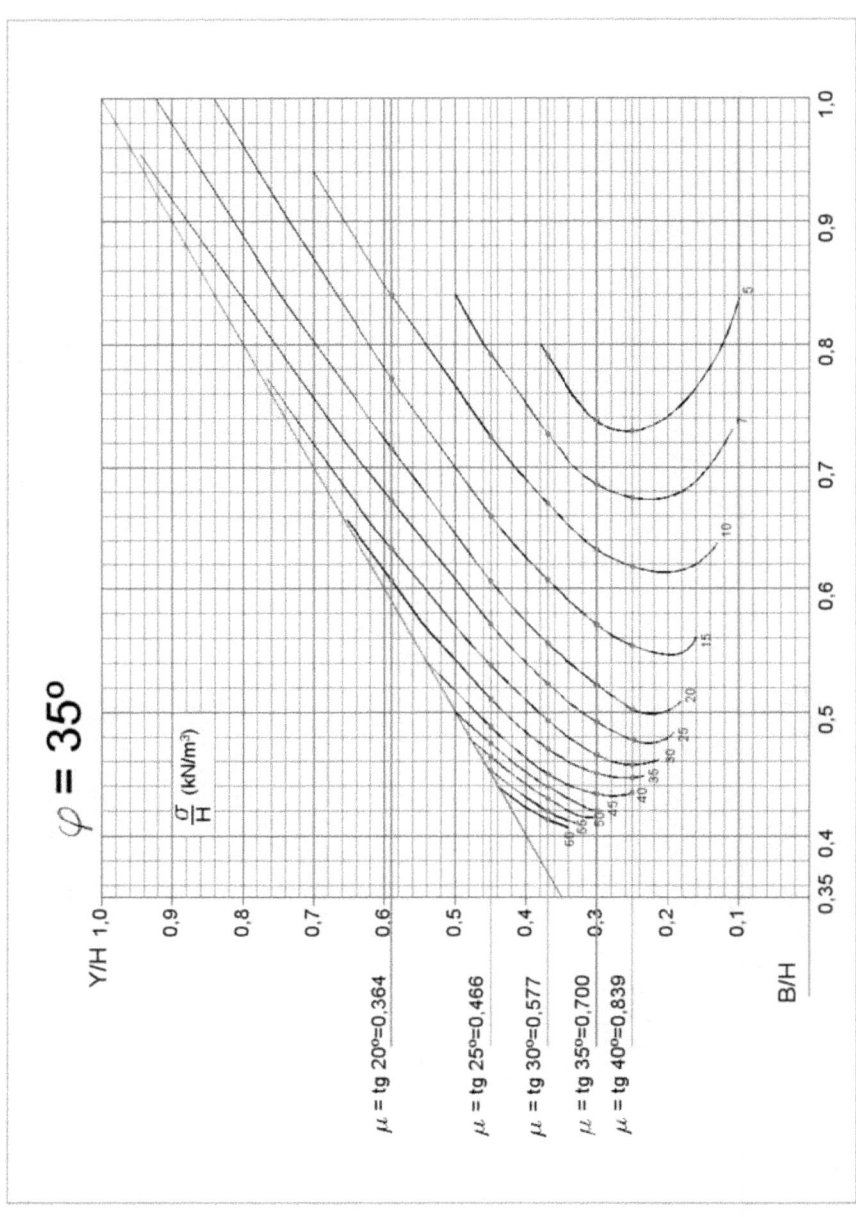

Los diagramas anteriores constan de dos ejes de valores Y/H, B/H, y de una familia de curvas que representan la tensión de servicio relativa σ/H respecto a la altura total del muro.

De esta forma, para una altura H dada, una vez conocidos los valores μ y σ se calculan las relaciones B/H e Y/H y se obtienen las dimensiones de la zapata del muro.

En esta versión simplificada del gráfico de Calavera y Cabrera se confía toda la seguridad al deslizamiento al coeficiente de rozamiento entre cimiento y muro. De esta manera se entrará en la zona principal del ábaco desde el punto de encuentro de la recta de valor μ dado con el eje de ordenadas hacia la derecha. Todos los muros posibles en el diagrama Y/H, B/H, están representados por puntos de la recta horizontal Y/H = constante.

La intersección de esta recta con la curva σ/H corresponde al muro de coste mínimo con el valor B/H que se leerá en el eje horizontal.

Cuando se prevea una carga **q** (en kN/m^2) junto a la coronación del muro, se podrá aumentar la dimensión de la base B de la zapata en un valor aconsejable de q·H/10, lo que supondrá un aumento de la puntera.

Las formas de conseguir una fuerza F que, junto con el coeficiente de rozamiento, colabore a impedir el deslizamiento pueden ser, por ejemplo:

- la existencia de una estructura adyacente,
- una solera hormigonada contra el muro,
- un tacón que, junto con el frente de la puntera, proporcione un empuje pasivo.

El empuje pasivo a una profundidad x tiene el valor:

$$E_p = \frac{1}{2}\gamma\, x^2 k_p \quad \text{siendo} \quad k_p = \frac{1+\text{sen}\varphi}{1-\text{sen}\varphi} \quad \text{el coeficiente de empuje pasivo}$$

Fase 3: Comprobación

En una primera etapa del dimensionamiento se verifica que las tensiones **σ** no superan los límites fijados y que los coeficientes de seguridad al deslizamiento C_{sd} y al vuelco C_{sv} no son inferiores a los establecidos (1,5 y 1,8 respectivamente).

El método de verificación se efectúa en cinco pasos:

1º: Cálculo del valor del empuje activo:

$$E_a = \left(\frac{1}{2}\gamma\, H^2 + q\,H\right) k_a$$

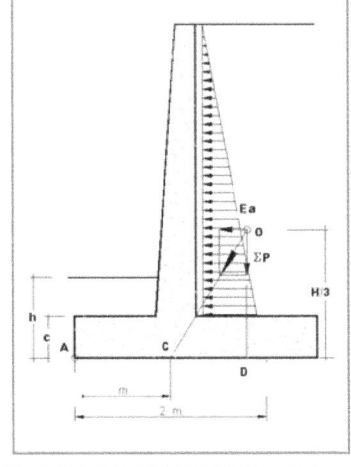

2º: Confección del cuadro de pesos y momentos. Se halla la resultante y el punto de aplicación de las fuerzas verticales mediante la formación de una tabla, como la que se adjunta de pesos, distancias al punto de vuelco **A** y momentos que producen.

Zona	Peso	Dist. A	Momento
ZAPATA	Pz	Dz	Mz
CARGA ACERA	Qq	Dq	Mq
ALZADO (rectangular)	Pa1	Da1	Ma1
ALZADO (triangular)	Pa2	Da2	Ma2
RELLENO Delantero	Prd	Drd	Mrd
RELLENO Trasdós	Prt	Drt	Mrt
SUMAS	ΣP	AD	ΣM

La distancia AD desde el punto de vuelco al punto de paso de la suma de pesos vale:

$$\boxed{AD = \Sigma M\ /\ \Sigma P}$$

3º: Cálculo de la presión sobre el terreno. La distribución de presiones es lineal con diagrama trapecial o triangular, según que la resultante quede dentro o fuera del tercio central de la sección, como veremos a continuación.

Para calcular las presiones sobre el terreno bajo la zapata de un muro de contención es necesario previamente calcular la excentricidad, es decir el punto de aplicación **C** de la resultante de las fuerzas horizontales (empuje activo) y de las fuerzas verticales (pesos).

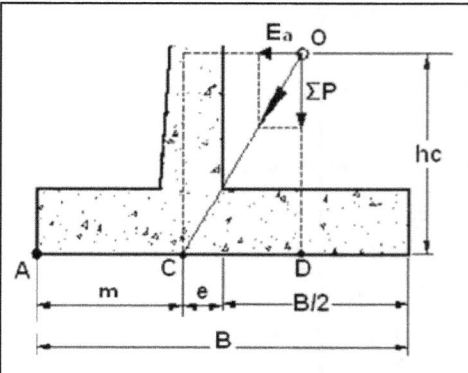

Según lo expuesto anteriormente, la excentricidad **e** se deduce de las siguientes expresiones (ver figura):

$AD = \Sigma M\ /\ \Sigma P$; $OD = h_c$

$CD\ /\ h_c = E_a\ /\ \Sigma P$

$CD = h_c \cdot Ea\ /\ \Sigma P$

$$m = AC = AD - CD \quad m = \frac{\Sigma M}{\Sigma P} - h_c \cdot \frac{E_a}{\Sigma P}$$

con lo que:

$$\boxed{e = \frac{B}{2} - m}$$

En el caso de que la excentricidad sea menor que B/6, o lo que es lo mismo, la resultante cae dentro del tercio central de la zapata, las tensiones máxima y mínima sobre el terreno se pueden hallar mediante la expresión:

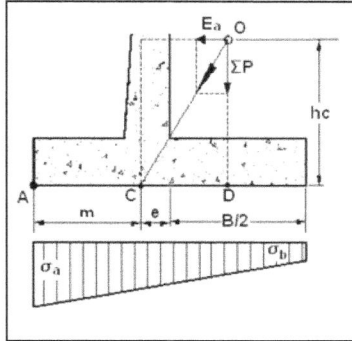

$$\sigma_b^a = \frac{\Sigma P}{B}\left(1 \pm \frac{6\,e}{B}\right)$$

cuyo valor máximo no podrá superar 1,25 veces la tensión σ_{adm} del terreno.

Cuando la excentricidad es mayor que B/6, es decir la resultante cae fuera del tercio central de la zapata, o lo que es lo mismo, m < B/3, la tensión máxima sobre el terreno se calcula según la expresión del área del triángulo:

$$\Sigma P = \frac{3\,m\,\sigma_a}{2} \quad \text{con lo que tendremos:} \quad \boxed{\sigma_a = \frac{2 \cdot \Sigma P}{3 \cdot m}}$$

Este valor no podrá superar 1,25 veces la tensión σ_{adm} del terreno.

Para este caso se admite una equivalencia que viene de considerar una presión uniforme de valor:

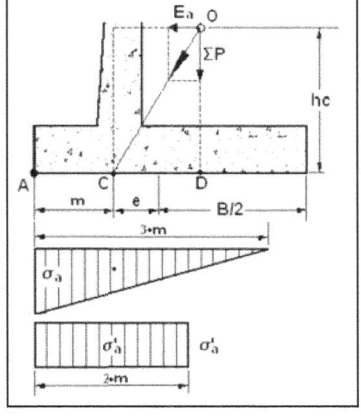

$$\sigma_a' = \frac{\Sigma P}{2 \cdot m}$$

a lo largo de una longitud igual a 2m y cuyo valor no puede superar la tensión σ_{adm} del terreno.

4º: Cálculo del coeficiente de seguridad frente al deslizamiento C_{sd}, dado por la expresión:

$$C_{sd} = \frac{\Sigma P \cdot tg\,\varphi + E_p}{E_a}$$

siendo E_p el empuje pasivo sobre la puntera, cuyo valor es:

$$E_p = \frac{1}{2}\,\gamma\left[h^2 - h_1^2\right]k_p$$

siendo: $h_1 = h - c$ el relleno delantero por encima de la puntera

$k_p = \dfrac{1 + sen\varphi}{1 - sen\varphi}$ el coeficiente de empuje pasivo

Se estima suficiente un valor de C_{sd} mayor o igual a 1,50.

5º: Cálculo del coeficiente de seguridad al vuelco, que se define como el cociente entre el <u>momento estabilizador</u> M_e y el <u>momento de vuelco</u> M_v.

a) El momento estabilizador es la suma del momento que producen los pesos (ΣM) más el producido por el empuje pasivo (M_{ep}), siendo este valor:

$$M_{ep} = \frac{E_p \cdot h_1 \cdot c}{2h - c} + \frac{E_p \cdot c^2}{6h - 3c}$$

El momento estabilizador será, por tanto: $M_e = \Sigma M + M_{ep}$

Dado que el momento del empuje pasivo suele tener un valor de apenas entre un 1% y un 3% del producido por los pesos, el momento estabilizador se considera habitualmente: $M_e = \Sigma M$

b) El momento de vuelco es el producido por el empuje activo E_a con un brazo h_c es decir:

$$M_v = E_a \cdot h_c$$

c) El coeficiente de seguridad al vuelco será entonces:

$$C_{sv} = \frac{M_e}{M_v}$$

que se considera suficiente para valores iguales o superiores a 1,80.

10.7. EJEMPLO DE PREDIMENSIONAMIENTO Y COMPROBACIÓN

Dimensionar un muro de 10 m de altura total y comprobar las presiones y la seguridad frente al deslizamiento y al vuelco.

- Ángulo de rozamiento interno del relleno: $\varphi = 30º$
- Coeficiente de rozamiento entre cimentación y terreno: $\mu = tg\ 30º$.
- Presión admisible: $\sigma = 200$ kN/m2.
- Profundidad de la zapata en el intradós: h = 2,00 m.

1º. <u>Predimensionamiento</u>

Entramos en el diagrama con el valor Y/H que corresponde a $\mu = tg\ 30º$: Y/H = 0,42.

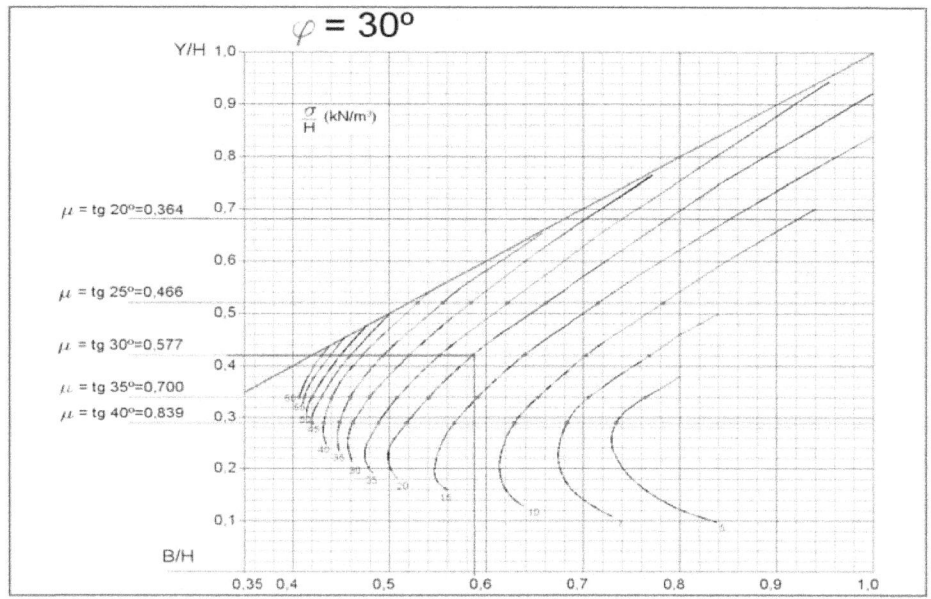

$$\varphi = 30°$$

Los muros posibles están a partir del punto de corte de la horizontal con la curva:

$$\sigma / H = 200 / 10 = 20 \text{ kN/m}^3.$$

El punto situado sobre el eje de abscisas B/H nos dará la dimensión de la zapata para el muro, correspondiéndole el valor:

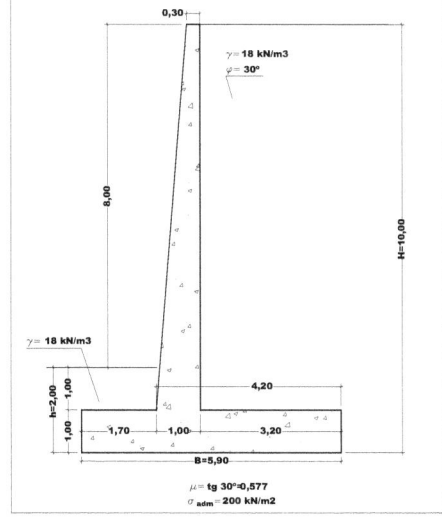

$$\frac{B}{H} = 0,59 \quad \text{es decir:}$$

$$Y = 0,42 \, H = 4,20 \text{ m}$$

$$B = 0,59 \, H = 5,90 \text{ m;}$$

con lo cual queda predimensionado el muro según la figura adjunta.

2º. Comprobación de tensiones y coeficientes

Comprobemos el muro, sabiendo que la densidad del terreno es γ=18 kN/m^3, la del hormigón armado es de 25 kN/m^3, el coeficiente de rozamiento entre suelo y cimentación es μ=tg30º=0,577 y la tensión admisible del terreno es σ_{adm}=200 kN/m^2.

a) Valor del empuje activo.

$$E_a = \frac{1}{2} \times 18 \times 10^2 \times \frac{1 - sen30}{1 + sen30} = 300,0 \, kN$$

b) Resultante y punto de actuación de las cargas verticales.

Tomamos momentos respecto al punto **A**, con los valores calculados en la siguiente tabla.

ZONA	Peso (kN)		Distancia de A al c.d.g (m)		Momentos (m·t)
Zapata	5,90·1,00·25=	147,50	5,90/2=	2,95	435,125
Alzado	0,70·9,00·25/2 =	78,75	1,70+1,40/3 = 2,167		170,625
	0,30·9,00·25=	67,50	2,70-0,15=	2,55	172,125
Relleno delantero	1,70·1,00·18=	30,60	1,70/2 =	0,85	26,010
Relleno trasdós	3,20·9,00·18=	518,40	5,90-3,20/2 =	4,30	2.229,120
SUMAS	Σ P = 842,75		---		ΣM= 3.033,005

Cálculo de las distancias:

$$AD = \Sigma M / \Sigma P = 3.033 / 842,75 = \underline{3,60 \ m}$$

$$CD = OD \cdot E_a / \Sigma P = 3,33 \cdot 300 / 842,75 = \underline{1,19 \ m}$$

La distancia **m** desde el punto **C** de aplicación de la resultante al punto **A** de vuelco será:

$$m = AC = AD - CD = 3,60 - 1,19 = \underline{2,41 \ m}$$

Siendo C el punto de paso de la resultante de las fuerzas, se comprueba si cae dentro del tercio central (2,41 m / 5,90m = 0,41 > 0,33), es decir, que esta resultante pasa dentro del tercio central.

La excentricidad respecto al centro de la zapata será:

$$e = \frac{B}{2} - m = \frac{5,90}{2} - 2,41 = 0,54 \, m$$

c) Tensiones en el suelo de cimentación.

Las presiones máxima y mínima sobre el suelo de cimentación bajo la zapata del muro serán:

$$\sigma_b^a = \frac{\Sigma P}{B}\left(1\pm\frac{6\,e}{B}\right) = \frac{842,75}{5,90}\left(1\pm\frac{6\cdot0,54}{5,90}\right)$$

$$\sigma_a= 142,84\,(1+0,549) = 221,26 \text{ kN/m2 } (<1,25\ \sigma_{adm})$$

$$\sigma_b= 142,84\,(1-0,549) = 64,42 \text{ kN/m2 } (>0)$$

d) Seguridad al deslizamiento.

$$C_{sd} = \frac{\Sigma P\cdot tg30 + E_p}{E_a} \quad\text{siendo}\quad E_p = \frac{1}{2}\gamma\left[h^2 - h_1^2\right]\frac{1+sen30}{1-sen30}$$

$$E_p = \frac{1}{2}\times18\times(2,0^2 - 1,0^2)\times\frac{1,5}{0,5} = 81,0 \text{ kN}$$

$$C_{sd} = \frac{842,75\times0,577 + 81,0}{300} = 1,89 > 1,50$$

e) Seguridad frente al vuelco.

El valor del momento estabilizador es:

$$M_e = \Sigma M + M_{ep} \quad\text{siendo}\quad M_{ep} = \frac{E_p\cdot h_1\cdot c}{2h - c} + \frac{E_p\cdot c^2}{6h - 3c}$$

$$M_{ep} = \frac{81,0\cdot1,0\cdot1,0}{2\cdot2,0 - 1,0} + \frac{81,0\cdot1,0^2}{6\cdot2,0 - 3\cdot1,0} = \frac{81,0}{3,0} + \frac{81,0}{9,0} = 36,0 \text{ kN}\cdot\text{m}$$

$$M_e = 3.033,0 + 36,0 = 3.069,0 \text{ kN}\cdot\text{m}$$

El valor del momento de vuelco es: $M_v = E_a\cdot h_c = 300,0\cdot 10,0 / 3 = 1.000,0$ kN·m

El coeficiente de seguridad frente al vuelco será entonces:

$$C_{sv}= 3.069 / 1.000,0 = \textbf{3,07} \ (>1,80)$$

Por lo tanto el muro cumple todas las condiciones de tensiones y estabilidad.

10.8. ARMADO DE LA ESTRUCTURA

Una vez comprobadas las tensiones máximas y los coeficientes de seguridad al deslizamiento y al vuelco, la segunda etapa la constituye el dimensionamiento y armado de la estructura de hormigón sometida a flexión.

1. Conocida la ley de empujes E_a se puede dimensionar el alzado, mayorando el empuje y despreciándose la pequeña compresión debida al peso propio del fuste. El problema es idéntico al de una losa (de canto constante o variable) en ménsula y sometida a flexión.

2. Conocida la ley de presiones sobre el suelo bajo la acción del empuje E_a, se dimensiona a flexión la puntera de la misma forma que el fuste.

3. El talón se calcula de forma análoga, teniendo en cuenta el momento flector negativo que ocasiona el peso del relleno mayorado.

10.9. Dimensionamiento del alzado

El alzado del muro constituye una losa, generalmente de canto variable, sometida a una ley de presiones horizontal. La variación de la sección en el fuste es tan suave que se puede considerar despreciable, por lo que el dimensionamiento se puede hacer sin tener en cuenta esa variación.

a) Dimensionamiento a flexión

El cálculo de las armaduras se efectúa considerando el máximo momento al que estará

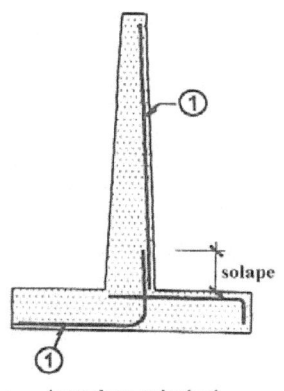

Armadura principal

sometida la sección más solicitada (el empotramiento del fuste en la zapata) a partir de la ley triangular del empuje activo. Esta ley de empujes dará una parábola de 2º grado para los esfuerzos cortantes y una de 3er grado para los momentos flectores.

El momento máximo en la sección en estudio será el producto del empuje hasta esa profundidad multiplicado por la distancia desde la resultante hasta la sección considerada.

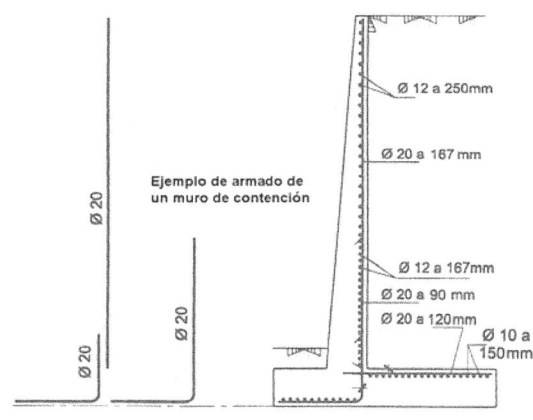

Ejemplo de armado de un muro de contención

Ø 12 a 250mm
Ø 20 a 167 mm
Ø 12 a 167mm
Ø 20 a 90 mm
Ø 20 a 120mm
Ø 10 a 150mm
Ø 20
Ø 20
Ø 20

En muros de altura reducida (p.ej. hasta 5 metros) se suele llevar toda la armadura necesaria hasta la coronación, mientras que para alturas mayores es habitual cortar la armadura haciendo un cálculo del momento flector en otras profundidades, por ejemplo a mitad de la altura del fuste, lo que hace que parte de la armadura a partir de esa sección deje de ser necesaria hasta la coronación del muro.

En este caso habrá que dejar unas longitudes de anclaje conforme a la Instrucción de Hormigón. La armadura calculada como necesaria en la sección inferior se debe disponer también en la puntera, como veremos más adelante.

Para la armadura transversal, (es decir la horizontal) se deberá disponer al menos un 20% de la calculada como longitudinal.

b) Dimensionamiento a esfuerzo cortante

De acuerdo con la EHE-08, la comprobación a cortante se debe realizar comprobando que el cortante de cálculo en la sección situada a una distancia equivalente al espesor del fuste desde su empotramiento es menor o igual que el cortante último que puede soportar esa sección sin armadura de cortante. Esto se calcula mediante la fórmula:

$$V_d \leq V_{cu} = \left[0,12 \, \xi \left(100 \, \rho_1 \, f_{ck} \right)^{1/3} \right] d$$

donde las notaciones son las habituales, es decir:

$$\xi = 1 + \sqrt{\frac{200}{d}}$$ con d = canto útil del alzado en mm

$$\rho_1 = \frac{A_s}{b \, d} \leq 0,02$$ cuantía geométrica de la armadura de flexión ($\leq 0,02$)

f_{ck} = resistencia característica del hormigón, en N/mm2.

10.10. Dimensionamiento de la puntera

La puntera está sometida a las siguientes fuerzas:

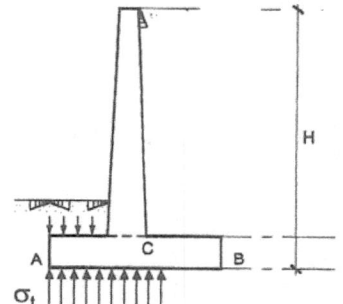

- En la cara superior actúa el peso del relleno (generalmente despreciable), que produciría tracciones en esa cara.

- En la cara inferior actúa la reacción del suelo contra la puntera de la zapata, lo cual origina tracciones en esa cara inferior.

El valor del momento flector es de cálculo inmediato, pero siempre resulta inferior al que soporta el alzado. Como en la mayoría de los casos el canto del cimiento es igual o mayor que el del alzado en su arranque, se suele disponer en la cara inferior de puntera la misma armadura que se ha calculado para el fuste.

Para la armadura transversal también se deberá disponer al menos un 20% de la calculada como longitudinal.

La comprobación a cortante se efectúa de la misma forma que para el alzado.

10.11. Dimensionamiento del talón

El talón se encuentra sometido a las siguientes fuerzas verticales:

- El peso del relleno, que actúa directamente sobre la cara superior del talón;

- La reacción del terreno sobre la cara inferior del cimiento, que actúa en sentido ascendente sobre una longitud equivalente a 2·m a partir del extremo de la puntera;

- El peso propio del talón, que también se debe tener en cuenta dado que al girar el muro, el talón puede estar en gran parte sin reacción del suelo.

Con estas fuerzas verticales se calcula el momento flector (como siempre, mayorado) al que estará sometida la sección empotrada del talón.

Recordemos que el momento flector de cálculo M_d en el talón (lo mismo que el del alzado y la puntera), se deben calcular con las acciones mayoradas por tratarse del cálculo de elementos de hormigón armado.

También en este caso se deberá prever una armadura transversal al menos igual al 20% de la longitudinal.

La comprobación a cortante se efectúa de la misma manera que para el alzado.

10.12. EJEMPLO: ARMADO DE UN MURO DE CONTENCIÓN

Continuando con el muro del ejemplo anterior, procedemos al armado de los tres elementos estructurales: el alzado, la puntera y el talón.

10.13. Dimensionamiento del alzado

Calculamos el <u>momento flector máximo</u> producido por el empuje activo en la sección inferior del fuste. El empuje activo tiene el siguiente valor para una profundidad H_1 de 9,0 m:

$$E_a = \frac{1}{2} x\ 18 x 9,0^2 x\ \frac{1-\text{sen}30°}{1+\text{sen}30°} = 243\ kN/m$$

y produce el siguiente momento con un brazo $H_1/3$:

$$M_d = \gamma_f x E_a x \frac{H_1}{3} = 1,5 x 243 x \frac{9,0}{3} = 1.093,5\ mkN/m$$

Para un hormigón HA-25 y una sección útil de 1,00 x 0,96 m tendremos una capacidad mecánica de la sección de hormigón:

$$U_0 = b \cdot d \cdot f_{cd} = 1,00 x 0,96 x 25.000/1,5 = 16.000\ kN$$

El momento reducido es:

$$\mu = \frac{M_d}{U_0 \cdot d} = \frac{1.093,5}{16.000 x 0,96} = 0,0712$$

y, con las Fórmulas aproximadas, se obtiene una cuantía:

$$\omega = \mu \cdot (1 + 0,77 \cdot \mu) = 0,0712 x 1,0548 = 0,0751$$

lo que nos da una capacidad mecánica:

$$U = \omega \cdot U_0 = 0,0751 x 16.000 = 1.201,8\ kN$$

es decir, $\boxed{10\ \phi\ 20\ \text{por metro}}$ (1.256,6 kN).

La armadura horizontal será el 20% de la anterior: Uh = 0,20·1.201,8 = 240,4 kN

es decir, $\boxed{6\ \phi\ 12\ \text{por metro}}$ (271,4 kN).

Se puede afinar aún más el armado estudiando el momento flector en una sección intermedia (p.ej. a una profundidad $H_1/2$) con la sección de fuste correspondiente.

La <u>comprobación a cortante</u> se efectúa a una distancia de un canto desde la sección empotrada, donde el cortante de cálculo valdrá:

$$V_d = \gamma_f \cdot \frac{1}{2} \cdot \gamma_t \cdot \left(H_1 - c\right)^2 \cdot k_a = 1,5 \times \frac{1}{2} \times 18 \times 8,00^2 \times \frac{0,5}{1,5} = 288 \text{ kN}$$

por cada metro de muro, y de acuerdo con lo dicho anteriormente, el cortante máximo de cálculo que puede soportar esa sección de hormigón será:

$$V_{cu} = 0,12 \times \left(1 + \sqrt{\frac{200}{960}}\right) \times \left(100 \times \frac{10 \times 314,16}{1.000 \times 960} \times 25\right)^{1/3} \times 960 = 338,08 \text{ kN}$$

Luego el espesor del muro resulta correcto.

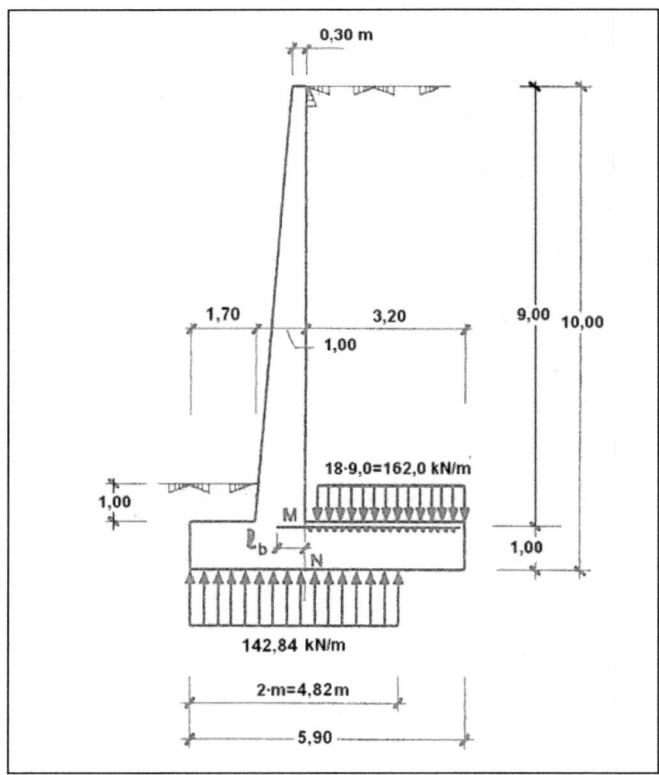

10.14. Dimensionamiento de la puntera

El momento mayorado que produce la reacción del terreno sobre la zapata en la puntera se puede asumir en nuestro caso como el que produce una carga uniforme e igual a la presión media (estamos en el caso de resultante dentro del tercio central) y así estaremos del lado de la seguridad. El valor de este momento será:

$$M_d = \frac{1}{2}\gamma_f \cdot \sigma_{media} \cdot L_p^2 = \frac{1}{2} \times 1,5 \times 142,84 \times 1,70^2 = 309,61 \text{ mkN / m}$$

Como el momento es menor que el obtenido por el alzado (1.093,5 m·kN/m) y el canto es el mismo, se prolonga la armadura del alzado y también se dispone la misma armadura transversal, es decir, el 20% de la longitudinal.

10.15. Dimensionamiento del talón

La distribución de presiones sobre el talón se indica en la figura de la página anterior.

La presión en la cara superior es 18 kN/m^3 · 9,0 m = 162 kN/m^2

a) El momento de cálculo en la sección M-N es la suma de los momentos producidos por las siguientes tres fuerzas:

  -   La presión sobre la cara superior en toda la longitud del talón;

  -   La reacción del terreno sobre la cara inferior hasta una longitud 2·m;

  -   El peso del talón.

Estas dos últimas fuerzas se tienen en cuenta dado que parte del talón, al girar el muro, puede estar sin reacción del suelo.

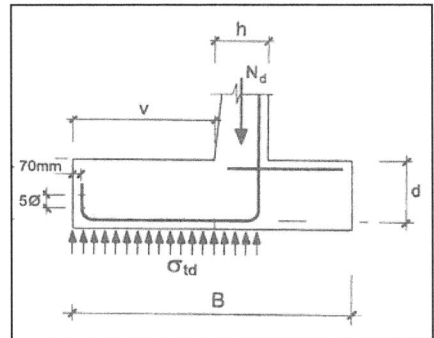

$$M_d = 1,5 \times \frac{1}{2} \times \left[162 \times 3,20^2 - 142,84 \times (4,82 - 2,70)^2 + 1,00 \cdot 25 \cdot 3,20^2\right] = 954,67 \text{ m·kN / m}$$

Si descontásemos la reacción del terreno y el peso del talón, el momento tendría el valor:

$$M_d = 1,5 \times \frac{1}{2} \times 162 \times 3,20^2 = 1.244,16 \text{ m·kN / m}$$

b) Capacidad mecánica de la sección de hormigón:

$$U_0 = b \cdot d \cdot f_{cd} = 1,00 \times 0,96 \times \frac{25.000}{1,5} = 16.000 \text{ kN}$$

c) El momento reducido y su correspondiente cuantía mecánica, calculada mediante las fórmulas aproximadas, tendrán el valor:

$$\mu = \frac{954,67}{16.000 \times 0,96} = 0,06215$$

$$\omega = \mu \cdot (1 + 0,77 \cdot \mu) = 0,06215 \times 1,04785 = 0,0651$$

d) La capacidad mecánica de las armaduras será:

$$U_s = \omega \cdot U_0 = 0,0651 \times 16.000 = 1.041,6 \text{ kN}$$

Dispondremos **9 ϕ 20 cada metro (1.131,0 kN)**, es decir **1ϕ 20 cada 12 cm**.

Para la armadura transversal dispondremos un 20% de la anterior, es decir:

$$U_s = 208,3 \text{ kN} <> 5\phi12 <> 1\phi12 \text{ cada } 20 \text{ cm}.$$

El esfuerzo cortante a una distancia de un canto desde la sección empotrada tiene el valor:

$$V_d = 1,5 \times \lfloor 162,0 \times (3,20 - 1,00) - 142,84 \times (4,82 - 3,70) \rfloor = 294,63 \text{ kN}$$

por cada metro de muro y el cortante máximo de cálculo que puede soportar esa sección de hormigón será:

$$V_{cu} = 0,12 \times \left(1 + \sqrt{\frac{200}{960}}\right) \times \left(100 \times \frac{9 \times 314,16}{1.000 \times 960} \times 25\right)^{\!\!1/3} \times 960 = 326,83 \text{ kN}$$

que resulta válido.

Y con esto terminamos el armado del muro de contención.

10.16. DETALLES CONSTRUCTIVOS

El armado de muro y zapata puede efectuarse mediante barras, mallas electrosoldadas o ambas a la vez, en las zonas en que sea necesario. El esquema general de armado se indica en la figura siguiente para los tres tipos de muro.

Las armaduras X son un emparrillado de retracción y temperatura colocadas en la cara del intradós. Las armaduras Y necesitarán alguna armadura auxiliar para ser mantenidas en posición durante el hormigonado.

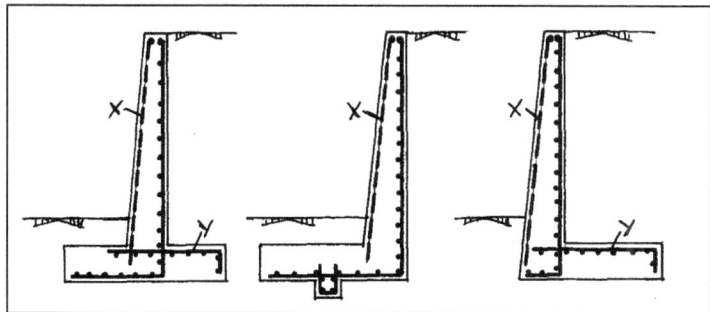

De acuerdo con la Instrucción española, en los muros en general, para controlar la fisuración que produce la retracción y la contracción térmica, deben disponerse las cuantías geométricas que se indican en la tabla siguiente, referidas a tanto por mil de la sección total de hormigón.

TIPO DE ACERO		B 400	B 500
DIRECCIÓN	HORIZONTAL	2,0	1,6
	VERTICAL	1,2	0,9

Esta armadura total debe distribuirse en las dos caras del muro de manera que ninguna tenga menos de un tercio de la total, pero se recomienda colocar la mitad en cada cara.

En la coronación, para evitar la concentración de fisuras de retracción y temperatura, conviene disponer como armadura suplementaria dos redondos de diámetro no inferior a 12 mm para muros de hasta 5 metros y no menor de 16 mm para los de entre 5 y 8 metros y 2 redondos de 20 mm para los de mayor altura.

El recubrimiento de las armaduras se recomienda que sea de al menos 4 o 5 cm.

Las juntas de hormigonado entre cimiento y alzado son inevitables y se efectúan en la zona de mayor momento flector y máximo esfuerzo cortante, es decir en la peor situación posible. A la vista de ensayos y otras investigaciones, puede establecerse que dejando el hormigón en la zona de junta con su rugosidad natural (evitando la formación de capa de lechada), la junta tiene un funcionamiento satisfactorio. La costumbre de marcar una muesca en la cara superior del cimiento supone una ventaja puramente psicológica, y si la muesca queda con su superficie lisa puede ser peor que la junta horizontal. En esta junta la armadura vertical del alzado ha de empalmarse con la de espera de la zapata.

Las juntas verticales de contracción se suelen disponen a distancias de 7 a 9 metros, sin pasar nunca de los 12 metros y se utilizan simultáneamente como juntas de hormigonado. La junta afecta al fuste pero no al cimiento. Si fuese necesario se puede disponer de una banda de impermeabilización, como para las juntas de dilatación.

Las juntas de dilatación deben disponerse en los puntos siguientes:

- o   Cada 30 metros como máximo.
- o   Donde cambie la profundidad del plano de cimentación.
- o   Donde cambie la altura del muro.
- o   En todo cambio de dirección en planta.

Si el muro no cambia de dirección ni de sección (altura del muro o profundidad del plano de cimentación), la junta puede afectar sólo al alzado. En otro caso debe afectar también al cimiento.

11. LOS MUROS DE SÓTANO

11.1. INTRODUCCIÓN

Los muros de sótano presentan diferencias considerables respecto a los muros de contención, tratados anteriormente. Un muro de sótano puede recibir a la vez cargas verticales (transmitidas por pilares de la estructura o por algún forjado) y cargas horizontales (producidas por el empuje de tierras).

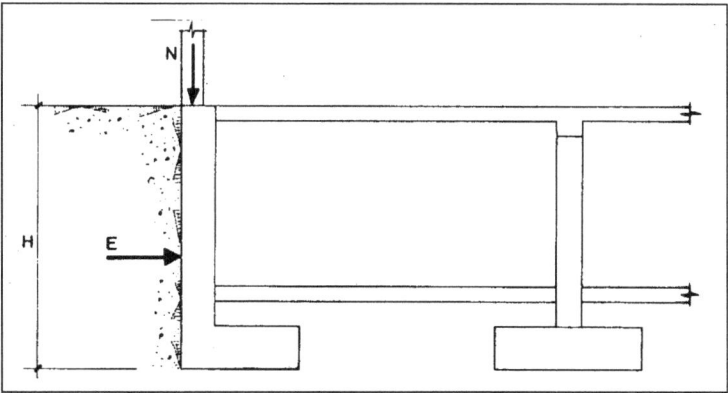

Además de esta diferencia existe otra fundamental: el muro no trabaja como una ménsula, ya que se enlaza al forjado de planta baja y funciona como una losa apoyada y empotrada en sentido transversal y como una viga de cimentación en sentido longitudinal.

11.2. CÁLCULO DEL EMPUJE

Al estar impedido el corrimiento del muro tanto en coronación como en cimiento, su deformabilidad es muy reducida y estamos en una situación de empuje en reposo.

De la misma forma que las presiones activa y pasiva a una profundidad **x** tienen la forma:

$$P_{ax} = \gamma \, x \, \frac{1 - \operatorname{sen}\varphi}{1 + \operatorname{sen}\varphi} \qquad y \qquad P_{px} = \gamma \, x \, \frac{1 + \operatorname{sen}\varphi}{1 - \operatorname{sen}\varphi}$$

respectivamente, la presión en reposo tiene el valor intermedio:

$$P_{rx} = \gamma \, x \, (1 - \operatorname{sen}\varphi)$$

con las mismas notaciones vistas anteriormente.

Normalmente el muro se suele encofrar a dos caras y posteriormente, una vez construido el muro y el forjado, se rellena la zona correspondiente con material granular.

Para el caso de un relleno granular con densidad γ (en kN/m³) y una sobrecarga de valor q (en kN/m²) sobre el relleno, la distribución de presiones en el muro sigue una ley trapecial como la que se indica en la parte izquierda de la figura siguiente, aunque podemos asimilarla a una ley rectangular con los valores indicados en la parte central de la misma figura, para el caso de un sótano, o con los de la parte derecha en el caso de dos sótanos.

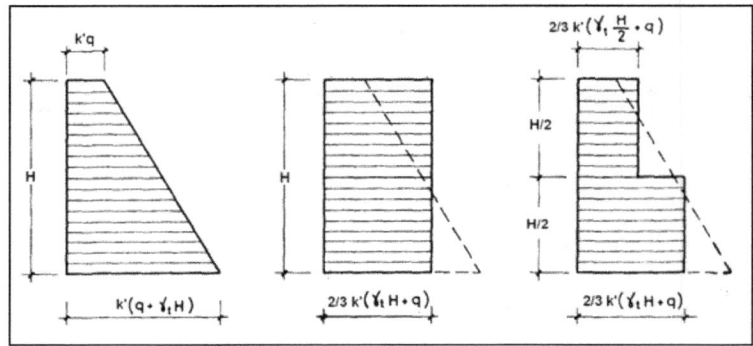

La expresión del coeficiente de empuje en reposo tiene la forma:

$$\boxed{k' = 1 - \operatorname{sen}\varphi}$$

donde φ es el ángulo de rozamiento interno del relleno.

11.3. ESQUEMA DE FUNCIONAMIENTO

La forma en que funciona este tipo de muros es radicalmente distinta de la de los muros de contención.

Consideremos el muro de la figura siguiente. Sea ΣN la suma de todas las cargas verticales: N (carga de la estructura sobre el muro), N_m (peso del alzado del muro, N_c (peso del cimiento) y N_t (peso del terreno, solera o pavimento sobre el cimiento). En principio aceptamos que bajo las acciones horizontales E_r de empuje del terreno y verticales ΣN, el equilibrio del muro se consigue por las fuerzas T_1 de reacción del forjado sobre el muro, T_2 de rozamiento del suelo

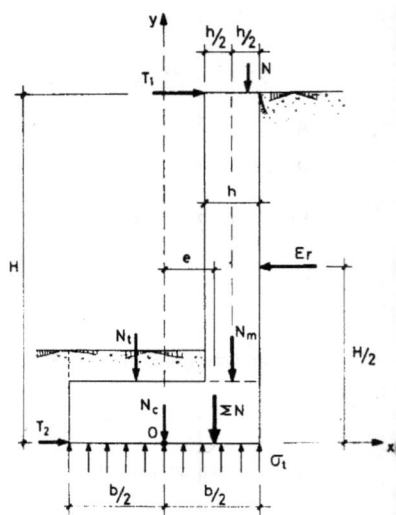

sobre el cimiento y una tensión σ_t bajo el cimiento, uniformemente repartida.

Todos los esfuerzos se consideran por metro lineal de muro.

Si expresamos estas condiciones de equilibrio respecto a los ejes x, y, tendremos:

1. $\Sigma N = \sigma_t \, b$

2. $T_1 + T_2 = E_r$

3. $\Sigma N \, e + T_1 \, H = E_r \dfrac{H}{2}$

El sistema se resuelve fácilmente, ya que se trata de 3 ecuaciones con 3 incógnitas: las dos reacciones horizontales T_1 y T_2 y la presión σ_t sobre el terreno.

Las expresiones anteriores se simplifican aún más cuando adoptamos como esquema estático un sistema como el que se expone en el punto siguiente.

La otra condición que se impone, para que el muro no se deslice, es que se cumpla la siguiente expresión:

$$C_{sd} = \frac{\mu \, \Sigma N}{T_2}$$

donde C_{sd} es el coeficiente de seguridad al deslizamiento y μ el coeficiente de rozamiento entre el cimiento y el terreno. Habitualmente se debe cumplir la condición de que el coeficiente C_{sd} sea igual o mayor que 1,5.

En toda la exposición anterior se ha supuesto un reparto uniforme de las presiones bajo el cimiento, hipótesis muy aproximada a la realidad en este tipo de muros, ya que el modelo trapecial de tensiones presenta desviaciones de poca importancia respecto al que se ha considerado.

11.4. CÁLCULO DEL MURO EN SENTIDO TRANSVERSAL

A continuación exponemos el método general de cálculo de esfuerzos para el cálculo práctico referido a muros de un solo sótano.

Adoptamos las designaciones y ejes que se indican en la figura y un muro genérico que abarca tanto la solución de zapata centrada como la de zapata excéntrica o de medianera. De acuerdo con lo visto anteriormente, la resultante del empuje al reposo se supone a mitad de la altura H.

Se designan con -T y T las reacciones a nivel de forjado y fondo de cimiento que equilibran el momento $\Sigma M = e \cdot \Sigma N$. Igualmente, se designa con R las reacciones a nivel de forjado y fondo de cimiento que equilibran el empuje E_r al reposo. Separamos ambos conjuntos de reacciones porque responden a acciones que no tienen que ser necesariamente simultáneas.

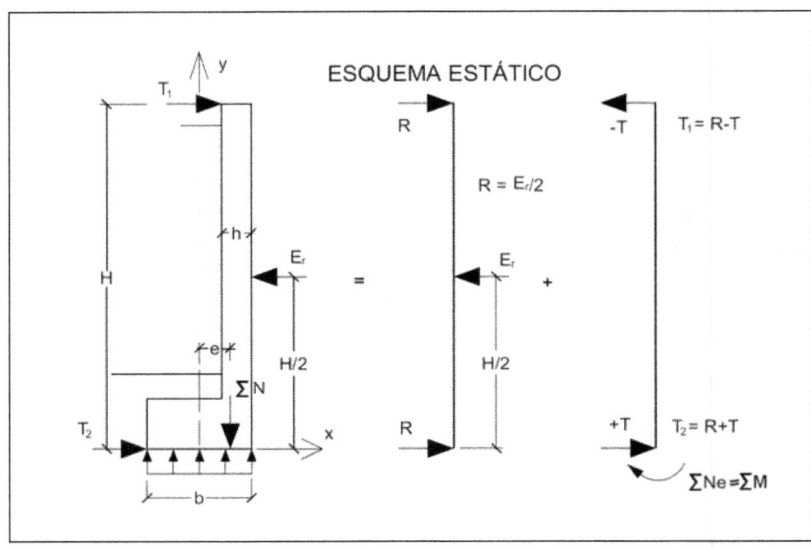

Planteamos las ecuaciones de equilibrio respecto a los ejes x, y:

$$\sigma_t = \frac{\Sigma N}{B} \qquad R = \frac{E_r}{2} \qquad \Sigma N{\cdot}e - T{\cdot}H = 0$$

es decir: $$\boxed{T = \frac{\Sigma M}{H}} \qquad \boxed{T_1 = R - T} \qquad \boxed{T_2 = R + T}$$

Siempre que el resultado de la expresión de T_1 sea >0, el valor de T_1 corresponderá a apoyo del muro sobre el forjado. En caso contrario, el muro se deberá anclar al forjado.

Se plantean, en principio, tres hipótesis:

1ª: No hay empuje y las cargas verticales son máximas.

Esta situación se produce cuando el edificio está en carga pero no existe relleno en el trasdós. En este caso, al ser la reacción R nula, la reacción -T en el forjado es mínima:

$$-T = e \cdot \Sigma N / H$$

(el muro tira del forjado) y la reacción en el fondo del cimiento es la contraria.

2ª: Hay empuje y las cargas verticales son mínimas.

Esta situación se produce cuando el edificio está en construcción y existe relleno en el trasdós. La reacción del terreno es mínima:

$$\sigma_t = \Sigma N_{min} \, / \, b$$

3ª: Hay empuje y las cargas verticales son máximas.

Esta situación se produce cuando el edificio está en carga y existe relleno en el trasdós. La reacción del terreno es máxima:

$$\sigma_t = \Sigma N_{max} \, / \, b$$

La hipótesis pésima, resumiendo los resultados de las tres hipótesis será:

Presión sobre el terreno. Se produce cuando las cargas verticales son máximas, independientemente de que actúe o no el empuje del terreno (hipótesis 1ª y 3ª).

$$\sigma_t = \frac{\Sigma N}{b}$$

Reacción en el forjado. La máxima tracción se produce cuando no hay empuje y las cargas verticales son máximas (hipótesis 1ª).

$$-T = \frac{\Sigma N_{max}\, e}{H}$$

La máxima compresión (si existe) se produce cuando hay empuje y las cargas verticales son mínimas (hipótesis 2ª).

$$-T + R = \frac{E_r}{2} - \frac{\Sigma N_{min}\, e}{H}$$

Reacción en fondo de cimiento. La máxima reacción se produce cuando hay empuje y la carga vertical es máxima (hipótesis 3ª).

Cálculo de esfuerzos: Es necesario considerar tres hipótesis distintas:

a) Solo actúa el peso propio y cargas permanentes (N_{min}) y el empuje de tierras (E_t). Esta situación se presenta durante la construcción. En la figura siguiente se indican los diagramas de flexión simple y flexión compuesta y los diagramas finales de momentos flectores y esfuerzos axiles.

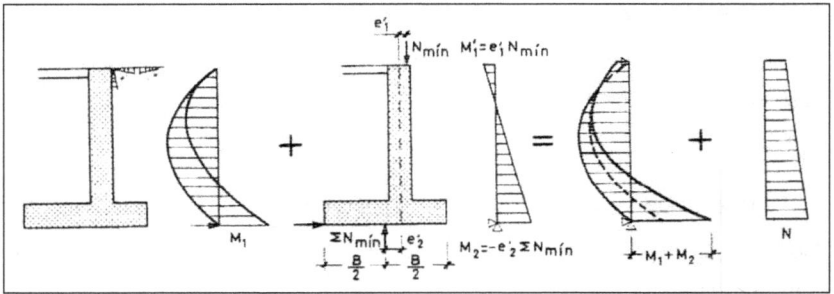

Como simplificación puede calcularse el muro sólo a flexión simple, despreciando las cargas verticales. Conviene en cualquier caso, cubrir la ley de momentos correspondiente al muro apoyado en coronación y apoyado en la base.

b) Actúa el empuje de tierras (E_t) y las cargas verticales máximas (N_{max}). Esta situación se puede presentar durante la vida útil del edificio. En la zona inferior de la figura siguiente se representan los diagramas correspondientes.

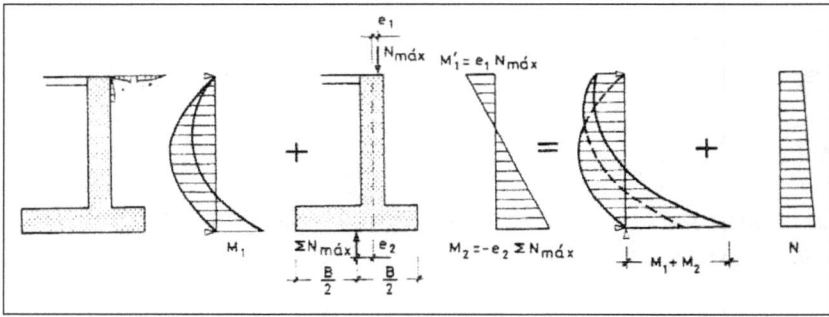

c) Actúan sólo las cargas verticales máximas, sin empuje de tierras. Dada la manera de armar los muros, usualmente las hipótesis que rigen para el cálculo son las dos anteriores.

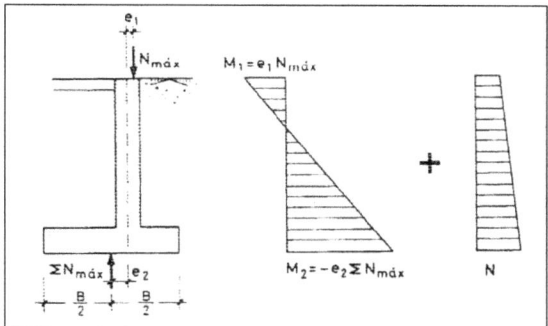

La optimización de la suma de armaduras para las dos caras se puede obtener de acuerdo con el gráfico siguiente (asumiendo b = 1 m de muro).

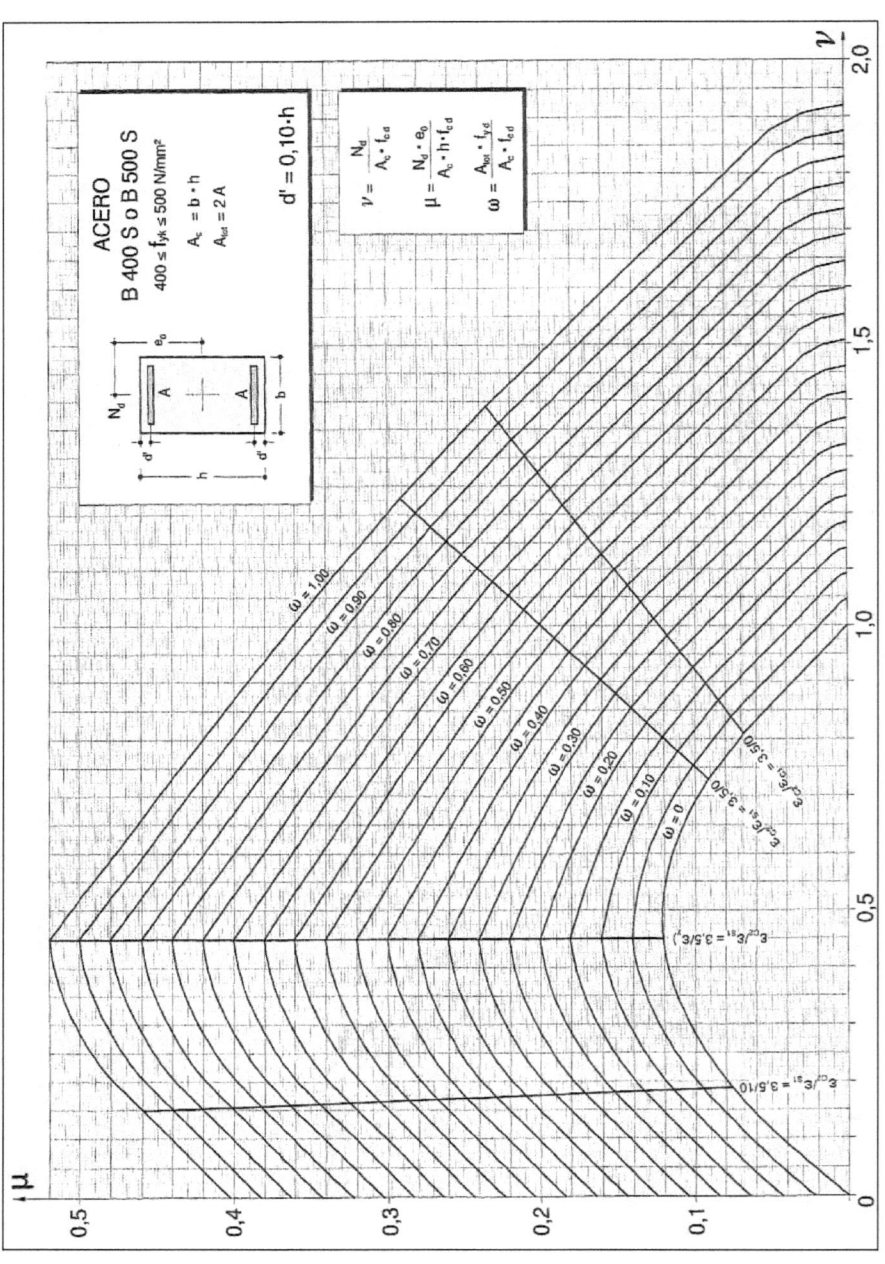

11.5. CÁLCULO DEL MURO COMO VIGA DE CIMENTACIÓN

El muro, en dirección longitudinal, funciona como una viga de cimentación. Si la estructura es flexible, el cálculo del muro puede hacerse como viga flotante. Como simplificación, en cualquier caso, puede aplicarse el siguiente método.

a) Se considera el muro como un cuerpo rígido, sometido a las cargas N_i de los pilares (y del forjado en su coronación) y a su peso propio.

b) Se halla la resultante ΣN de todas las cargas y su distancia **e**.

c) Con **e** y ΣN se obtiene la distribución lineal de presiones, variando de σ_1 a σ_2 (en la mayoría de los casos la distribución resultará sensiblemente uniforme).

d) Conocidas las acciones y reacciones sobre la viga, se calculan los momentos flectores y esfuerzos cortantes (el método es conservador).

e) En general, las armaduras mínimas de retracción y temperatura son importantes, según se indica en la tabla siguiente, y reducen la armadura necesaria para resistir los momentos flectores resultantes.

Cuantía mínima total de la armadura de retracción y temperatura		
Acero	**Armadura (tanto por mil)**	
	Horizontal	Vertical
B-400S	4,0	1,2
B-500S	3,2	0,9

Esta armadura debe distribuirse entre las dos caras, de forma que en ninguna cara se disponga menos de un tercio de la total.

Esto significa que la armadura horizontal de retracción y temperatura dispuesta en ambas caras se puede tener en cuenta para resistir los momentos flectores.

La optimización de la suma de armaduras para las dos caras se puede obtener de acuerdo
con el gráfico siguiente.

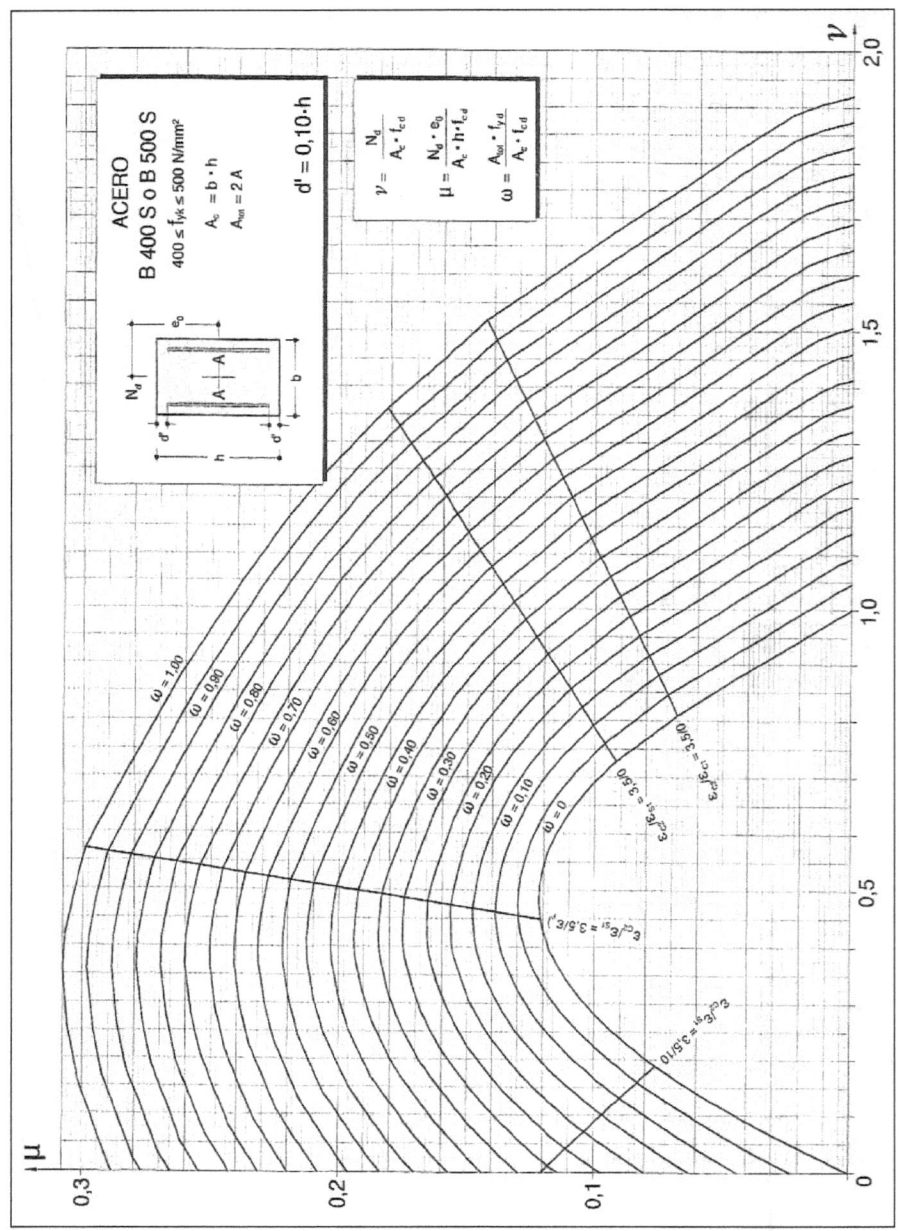

11.6. EJEMPLO: COMPROBACIÓN Y ARMADO DE UN MURO DE SÓTANO

A. Analizar el muro de sótano de la figura siguiente, comprobando las tensiones en el terreno, las reacciones T1 y T2 y el coeficiente de seguridad al deslizamiento.

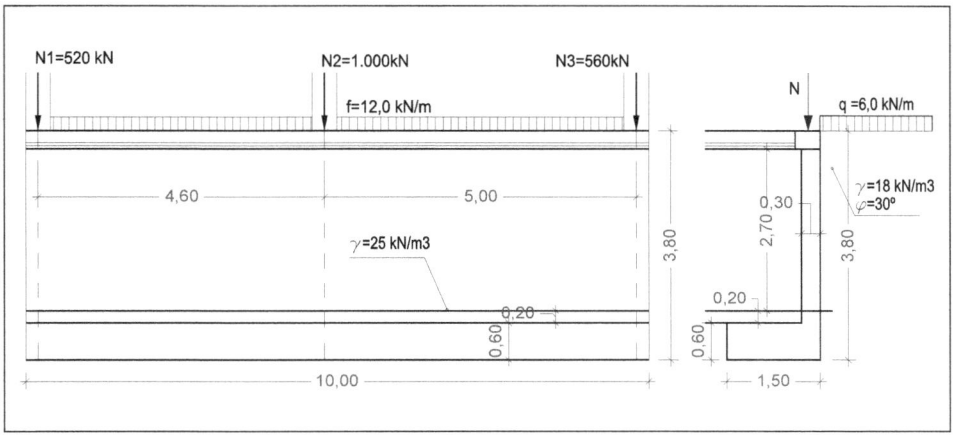

Datos:

- Angulo de rozamiento interno del relleno: $\varphi = 30°$

- Tensión máxima admisible del terreno: $\sigma = 200$ kN/m²

- Altura total del muro: H =3,80 m

- Ancho del muro: h = 0,30 m

- Ancho de la zapata: 1,50 m

- Canto de la zapata: 0,60 m

- Espesor de la solera: 0,20 m

- Carga uniforme transmitida por el forjado: 12,0 kN/m

- Peso específico del terreno de relleno: $\gamma_t = 180$ kN/m³.

- Densidad del hormigón (muro, zapata y solera): $\gamma_h = 25$ kN/m³.

- Coeficiente de rozamiento del terreno con el cimiento: $\mu = $ tg 30°

Datos de materiales:

- Hormigón HA-25. y acero B500 S.

SOLUCIÓN

1. Cálculo del empuje de las tierras:

$$k'_r = 1 - \text{sen } 30º = 0,5$$

$$P_r = \frac{2}{3}k'_r(q + \gamma H) = \frac{2}{3} \times 0,5 \times (6,0 + 18 \times 3,8) = 24,80 \text{ kN/m}$$

$$E_r = P_r \cdot H = 23,60 \times 3,80 = \textbf{94,24 kN}$$

2. Cargas por metro lineal de muro:

$$N = \frac{N_1 + N_2 + N_3}{L} + f = \frac{520 + 1.000 + 560}{10,00} + 12 = 220,0 \text{ kN}$$

$$N_m = 0,30 \times 3,2 \times 25 = \quad 24,0 \text{ kN}$$

$$N_z = 1,50 \times 0,60 \times 25 = \quad 22,5 \text{ kN}$$

$$N_s = 0,20 \times 1,20 \times 25 = \quad 6,0 \text{ kN}$$

3. Cuadro de pesos y momentos y tensión en el terreno:

Tomamos momentos respecto al centro de la zapata, con los valores calculados en la siguiente tabla. (Asumimos 25 kN/m³ para la densidad del hormigón armado).

ZONA	Carga (kN)	Distancia al centro de la zapata(m)	Momento (kN·m)
Carga (N)	220,00	(1,5-0,3)/2= 0,60	132,00
Muro (N_m)	24,00	(1,5-0,3)/2= 0,60	14,40
Zapata (N_z)	22,50	(centrada)	0,00
Solera (N_s)	6,00	(1,2-1,5)/2= -0,15	-0,90
SUMAS	ΣN = 272,50	---	ΣM = 145,50

$$\sigma_t = \Sigma N / b = 272,50 / 1,50 = \underline{181,67 \text{ kN/m2}} \ (<\sigma_{adm} = 200 \text{ kN/m2}) \boxed{\text{CUMPLE}} .$$

4. Reacciones T_1 en el forjado y T_2 en fondo de cimiento:

a) Valor de la reacción R:

$$R = \frac{1}{2}E_r = \frac{94,24}{2} = 47,12 \text{ kN}$$

b) Valor del vector T del par de fuerzas:

$$T \cdot H = \Sigma M$$

$$T = \frac{\Sigma M}{H} = \frac{145,50}{3,80} = 38,29 \text{ kN}$$

$$\underline{T_1} = R - T = 47,12 - 38,29 = \underline{8,83 \text{ kN}}$$

$$\underline{T_2} = R + T = 47,12 + 38,29 = \underline{85,41 \text{ kN}}$$

5. Seguridad al deslizamiento:

$$\boxed{C_{sd} = \frac{\mu \; \Sigma N}{T_2} = \frac{tg30° \times 272,50}{85,41} = 1,84 \quad (> 1,50)}$$

Por lo tanto el muro cumple las condiciones de tensiones y estabilidad.

B. Determinar las armaduras verticales y horizontales del muro de sótano analizado anteriormente.

SOLUCIÓN

1. Armado vertical del muro:

El muro en sentido transversal se considera como una viga apoyada en coronación y empotrada en el cimiento y que está sometida a las siguientes acciones:

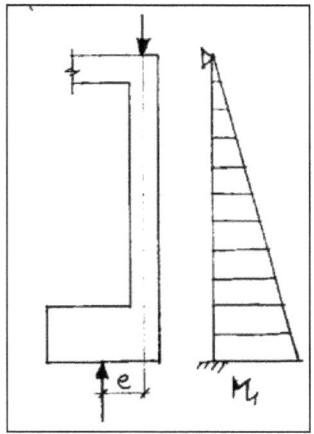

a) Las cargas por metro de muro, tal y como se ha calculado, que tienen un valor:

$$\boxed{\Sigma N = 272,50 \text{ kn}}.$$

b) La presión del terreno σ_t sobre el cimiento, cuya resultante ΣN pasa por el centro de la zapata y produce una ley triangular de momentos con un máximo M_1 en el fondo del cimiento:

$$\boxed{M_1 = \Sigma M = 145,50 \text{ kN·m}}.$$

El momento en la sección inferior del muro, en su empotramiento con la zapata, por semejanza de triángulos, será:

$$\boxed{M = 145,50 \times 3,20 / 3,80 = 122,53 \text{ kN·m}}.$$

- La presión en reposo P_r del relleno sobre el trasdós del muro, con un valor:

$$P_r = 24,80 \text{ kN/m}$$

produce una ley parabólica de momentos con el siguiente valor en la sección empotrada en la base del muro, situada a 3,20 m de la coronación (elemento apoyado / empotrado):

$$M^- = \frac{P_r H_1^2}{8} = \frac{24,80 \cdot 3,20^2}{8} = 31,744 \text{ kN·m}$$

- El momento máximo en el intradós se encuentra a $3H_1/8$ de profundidad, es decir:

$3 \cdot 3,20/8 = 1,20$ m   desde la coronación y su valor es:

$$M^+ = \frac{9 \cdot P_r H_1^2}{128} = \frac{9 \cdot 24,80 \cdot 3,20^2}{128} = 17,856 \text{ kN·m}$$

- Además es conveniente cubrir la ley de momentos que corresponde al muro considerado como apoyado en ambos extremos (coronación y base, con una luz de 3,00 m), lo que implica un momento máximo en la zona central del intradós de valor:

$$M^- = \frac{P_r H_1^2}{8} = \frac{24,80 \cdot 3,20^2}{8} = 31,744 \text{ kN·m}$$

(El hecho de que coincida con el momento flector del empotramiento es normal, ya que ambos momentos, el isostático y el del empotramiento en una pieza apoyada y empotrada, tienen la misma expresión).

- La envolvente de las leyes de momentos flectores será la que se indica en la figura siguiente.

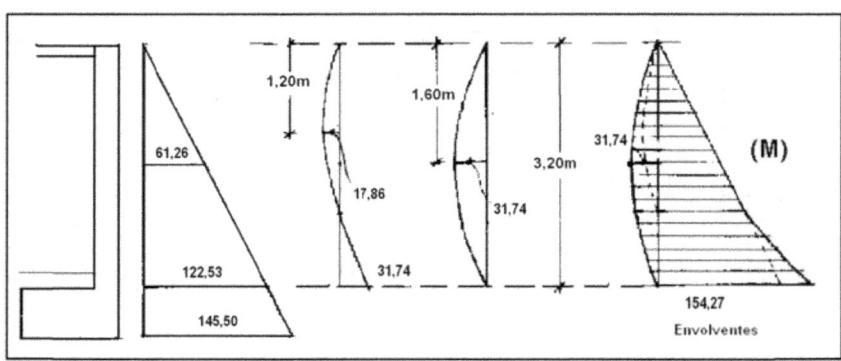

- Para armar el muro en flexión compuesta tendremos en cuenta el axil al que está sometido (la carga superior, de 220,00 kN).

El cálculo debería efectuarse para las secciones más desfavorecidas, es decir la base del muro (profundidad = 3,20 m) para la armadura del trasdós y la sección central (profundidad = 1,60 m) para la del intradós. En nuestro caso, y dado que el momento en la cara vista es muy bajo, bastará con calcular la armadura vertical necesaria en la cara del trasdós y disponer 1/3 de la misma en la cara del intradós.

- Para ello, con los datos anteriores sabiendo que:

$$M_d = 1,5 \cdot 154,27 = 231,41 \text{ kN·m}$$

$$N_d = 1,5 \cdot 220,00 = 330,00 \text{ kN}$$

Utilizamos las Fórmulas Aproximadas para flexión compuesta con el siguiente procedimiento:

- Cálculo de la excentricidad referida a la armadura de tracción:

$$e_0 = \frac{M_d}{N_d} = \frac{231,41}{330,0} = 0,70 \text{ m}$$

$$e = e_0 + \frac{d - d'}{2} = 0,70 + \frac{0,26 - 0,04}{2} = 0,81 \text{ m}$$

- Capacidad mecánica de la sección de hormigón:

$$U_c = b \cdot d \cdot f_{cd} = 1,00 \times 0,26 \times 25.000 / 1,5 = 4.333,3 \text{ kN}$$

- Valores reducidos del momento y del axil:

$$\mu = \frac{N_d\, e}{U_c\, d} = \frac{330,0 \times 0,81}{4.333,3 \times 0,26} = 0,237$$

$$\nu = \frac{N_d}{U_c} = \frac{330,0}{4.333,3} = 0,076$$

Para estos valores reducidos, la cuantía a tracción será:

$$\omega = \mu\,(1 + 0,77 \cdot \mu) - \nu = 0,237 \times 1,182 - 0,076 = 0,204$$

y la capacidad mecánica de las armaduras por metro de muro:

$$U = \omega\, U_c = 0,204 \times 4.333,3 = 884,0 \text{ kN}$$

que, para el acero B500 S, suponen **11ϕ 16 por metro** de muro (U = 884,6 kN).

En el intradós colocaremos al menos 1/3 de la calculada, es decir **11ϕ 10** que dan una capacidad de 345,6 kN.

2. <u>**Armado horizontal del muro:**</u>

- Calculamos en las secciones A y B de la figura los momentos flectores a los que está sometido el muro, con el fin de determinar el mayor de ellos y armar el muro longitudinalmente en función del mismo.

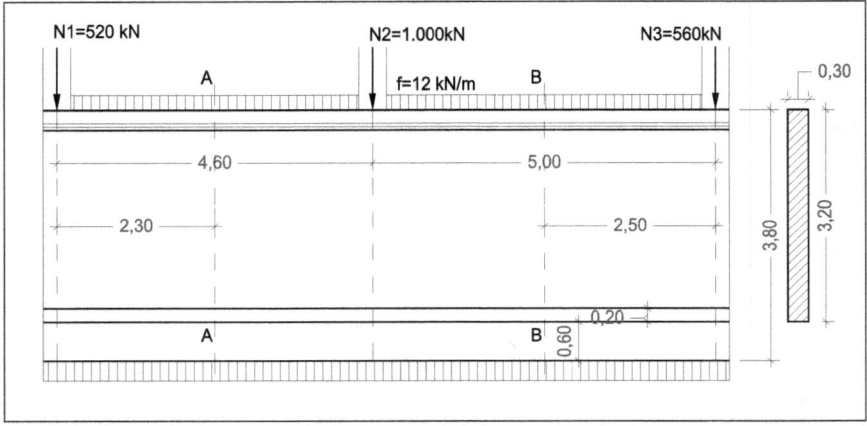

$$M_A = \frac{272,5 \times 2,3^2}{2} - 520 \times 2,3 - \frac{12 \times 2,3^2}{2} = \underline{-506,98}\ \text{kN·m}$$

$$M_B = \frac{272,5 \times 2,5^2}{2} - 560 \times 2,5 - \frac{12 \times 2,5^2}{2} = \underline{-585,94}\ \text{kN·m}$$

- Armamos todo el muro en horizontal con la armadura que aguante el mayor de los momentos de cálculo, es decir:

$$M_{dB} = 1,5 \times 585,94 = \underline{878,91}\ \text{kN·m}$$

- Capacidad mecánica de la sección de hormigón:

$$U_0 = 0,30 \times 3,16 \times 25.000 / 1,5 = 15.800\text{kN}$$

- Valor del momento reducido:

$$\mu = \frac{M_{dB}}{U_c\, d} = \frac{878,91}{15.800 \times 3,16} = 0,0176$$

Con las Fórmulas Aproximadas, la cuantía a tracción será:

$$\omega = \mu \, (1 + 0,77 \cdot \mu) = 0,0176 \times 1,0136 = 0,0178$$

y la capacidad mecánica de las armaduras por metro de muro:

$$\boxed{U = \omega \, U_c = 0,0178 \times 15.800 = 281,3 \text{kN}}$$

Con la expresión del Brazo Mecánico, la capacidad necesaria sería:

$$\boxed{U = \frac{M_{dB}}{0,9 \, d} = \frac{878,91}{0,9 \times 3,166} = 309,04 \text{kN}}$$

En ambos casos sería suficiente con una armadura de **4ϕ16** (321,7 kN para el acero B500 S).

- Finalmente deberemos comprobar la armadura mínima longitudinal de retracción y temperatura por cuantía geométrica que establece el art. 42.3.5 de la EHE-08 (el 3,2 por mil de la sección total de hormigón repartida entre las dos caras), es decir:

$$A_{s1} + A_{s2} = 0,0032 \cdot 30 \cdot 320 = 30,72 \text{ cm}^2$$

Esta sección supone un área de 15,36 cm2 en cada cara, equivalentes a **14ϕ12** en los 3,20 m, o lo que es lo mismo, **1ϕ12 cada 22 cm** aproximadamente.

Y con esto damos por terminado el armado del muro.

BIBLIOGRAFÍA

- Calavera, J.: "Cálculo, construcción, patología y rehabilitación de Forjados de Edificación". INTEMAC. Madrid.

- Calavera, J.: "Cálculo de estructuras de cimentación". INTEMAC. Madrid.

- Calavera, J.: "Muros de contención y muros de sótano" (De acuerdo con EHE). INTEMAC. Madrid.

- Calavera, J.: "Proyecto de cálculo de estructuras de hormigón (En masa, armado y pretensado)". INTEMAC. Madrid..

- Comisión Permanente del Hormigón: "Guía de aplicación de la Instrucción de Hormigón Estructural. EDIFICACIÓN". Ministerio de Fomento.

- EFHE: "Instrucción para el proyecto y la ejecución de forjados unidireccionales de hormigón estructural realizados con elementos prefabricados". Ministerio de Fomento, 2002.

- EF-96: "Instrucción para el proyecto y la ejecución de forjados unidireccionales de hormigón armado o pretensado". Ministerio de Fomento, 1996.

- EHE-08: "Instrucción de Hormigón Estructural, con comentarios de los miembros de la Comisión Permanente del Hormigón". Ministerio de Fomento, 2008.

- I.C.C. Eduardo Torroja: "Recomendaciones para la ejecución de forjados unidireccionales". Asociación Nacional de Fabricantes con sello CIETAN. Madrid.

- Jiménez Montoya, García Meseguer, Morán Cabré: "Hormigón Armado". 15ª Edición. Gustavo Gili, S.A. Barcelona, 2010.

- Rodríguez Martín, L.F.: "Estructuras varias. Forjados (U.D.2)". Fundación Escuela de la Edificación. Madrid.

- Rodríguez Val, J.: "Estructuras de la edificación". ECU, Editorial Club Universitario. Alicante.

- Rodríguez Val, J.: "Apuntes de Cimentaciones". CERSA, Compañía Española de Reprografía y Servicios S.A. Madrid.

- Rodríguez Val, J.: "Cimentaciones en la Edificación". Lulu.com, 2013. ISBN 978-1-291-91518-1.

- Rodríguez Val, J.: "Estructuras de hormigón para edificios". Gabinete Técnico Aparejadores Guadalajara S.L.U., 2014. ISBN 978-84-953-4482-3.

www.ingramcontent.com/pod-product-compliance
Lightning Source LLC
Chambersburg PA
CBHW071424170526
45165CB00001B/392